高校数学教学模式改革与实践研究

张美丽　彭　莉　田　睿　著

北　京

图书在版编目(CIP)数据

高校数学教学模式改革与实践研究/张美丽,彭莉,田睿著. --北京 :经济日报出版社,2025.1
ISBN 978-7-5196-1444-7

Ⅰ.①高… Ⅱ.①张… ②彭… ③田… Ⅲ.①高等数学—教学模式—研究—高等学校 Ⅳ.①O13

中国国家版本馆 CIP 数据核字(2024)第 013392 号

高校数学教学模式改革与实践研究
GAOXIAO SHUXUE JIAOXUE MOSHI GAIGE YU SHIJIAN YANJIU
张美丽 彭 莉 田 睿 著

出版发行:经济日报出版社
地　　址:北京市西城区白纸坊东街 2 号院 6 号楼
邮　　编:100054
经　　销:全国各地新华书店
印　　刷:北京文昌阁彩色印刷有限责任公司
开　　本:710mm×1000mm 1/16
印　　张:9
字　　数:125 千字
版　　次:2025 年 1 月第 1 版
印　　次:2025 年 1 月第 1 次
定　　价:58.00 元

本社网址:www.edpbook.com.cn, 微信公众号:经济日报出版社
请选用正版图书,采购、销售盗版图书属违法行为

本书如有印装质量问题,由我社事业发展中心负责调换,联系电话:(010) 63538621

前言

作为一门最早发展起来的科学，数学产生于人类的需要，是人类文化的一个重要组成部分。随着科学技术的进步以及数学自身的不断发展，数学在人类社会文化中的地位和作用显得越来越重要。高校数学课程是高校专业发展中极为重要的公共基础课程。它不仅对后续学习的许多专业课程产生直接影响，还对学生的理性思考、创新培养和优质素养培养起着重要作用，是保障高校人才培养质量的重要环节。因此，高校数学教育必须立足于国民经济和社会发展对人才的实际需求，不断改革创新，提高教学的质量，培养适应新时代发展的高水平、全方位的优秀人才。

数学是高校教育的基础课程之一。要提高数学的教学质量，首要任务是重视教学方法的创新与研究，它体现了科研方法与教学方法的辩证统一。数学思维方法是数学科学的精髓和精华，它贯穿知识产生、发展与运用的全过程，不只属于对数学理论本质的认知，也是引导学生培育数学认知能力和促使学生构建知识结构体系的桥梁。数学科学的工具性特征丰富鲜明，是解决诸多问题不可或缺的工具。假如要将数学科学和其他类型的科学进行对比，数学科学还有一个特殊性，就是抽象性特征非常鲜明，想要更好地对数学科学进行发展完善，将其应用于更多的领域，或是将其教授给广大学生，都需要把握数学科学的诸多法则，如发展规律、探究方法等。本书从高校数学教育教学基础入手，对教学模式、教育改革和教学实践等进行研究。

在本书的撰写过程中，参考和借鉴了国内外相关专著、论文等理论研究成果，在此，向其作者致以诚挚的谢意。本人深知学有所限，力有不及，真诚地希望得到各界同仁的批评指正！

张美丽　彭　莉　田　睿

2024 年 6 月

目 录

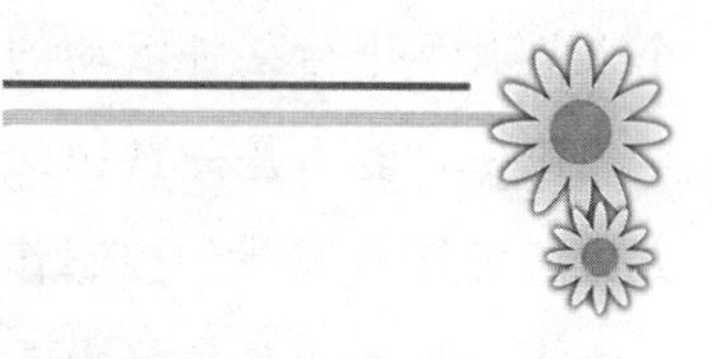

第一章　高校数学教育教学分析

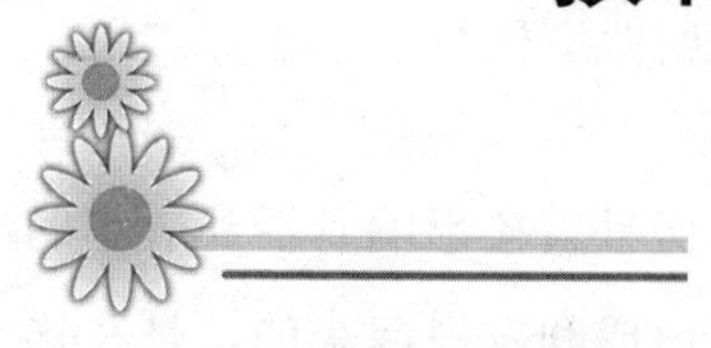

第一节　高校数学教学能力培养

一、高校数学能力的概念与结构

（一）高校数学能力的概念

1. 能力

理解能力概念时应注意三点：

第一，能力是一个人的个性心理特征，是个体在认识世界和改造世界的过程中所表现出来的心理活动的恒定的特点。

第二，能力与活动关系密切。这一点具体体现为三个方面。其一，活动是能力产生和发展的源泉。人只有通过后天的实践活动，才会产生相应的心理活动，从而逐渐形成特性，即能力。其二，能力的形成对活动的进程及方式起调节、控制作用，这一点把能力与个体的性格区别开来。性格也是个体的一种心理特性，但性格的作用在于制约个体活动的倾向，对活动的进程及方式并无直接的调节、支配作用。其三，能力只有在活动过程中才能体现出来，离开了活动就不能对能力进行考察与测定。一个人如果在实践中取得了成功，达到了预期的效果，就证实了这个人具有了进行某种活动的能力。

第三，能力是一种稳固的心理特性。这就是说，能力对活动进程及方式所发挥的调节、控制作用还具有一贯的、经常性的、稳定的特性。一个人一旦形成某种能力，便能在相应的活动中表现出来，并能持久地发挥作用。

综上所述，可以这样界定能力的意义：能力是一种保证人们成功地完成某项任务或进行某种活动的稳固的心理品质的综合。

2. 数学能力

数学能力是顺利完成数学活动所具备的而且直接影响其活动效率的一种个性心理特征。它是在数学活动过程中形成和发展起来的，是在这类活动中表现出来的比较稳定的心理特征。

数学能力按数学活动水平可分为两种。一种是学习数学（再现性）的数学能力；另一种是研究数学（创造性）的数学能力。前者指数学学习过程中，学生迅速而成功地掌握知识和技能的能力，是后者的初级阶段，它主要存在于学生的数学学习活动中；而后者指数学科学活动中的能力，这种能力产生具有社会价值的新成果或新成就，它主要存在于数学家的数学科学活动中。在学生的数学学习活动中，往往会经历重新发现人们已经熟知的某些数学知识的过程。

从发展的眼光看，数学家的创造能力也正是其在数学学习中的这种重新发现和解决数学问题的活动中逐步形成和发展起来的。所以，高校数学教学中通常所说的数学能力包括学习数学的能力和这种初步的创造能力，并且这种创造能力的培养在数学教学中已越来越引起人们的重视。因此在高校数学教学中应该用联系和发展的眼光看待它们，应该综合地、有层次地进行培养。

3. 高校数学能力与数学知识、技能的关系

（1）智力与能力的关系

智力与能力都是成功地解决某种问题（或完成任务）所表现出来的个性心理特征。把智力与能力理解为个性的东西，说明其实质是个体的

差异。通常所说的能力有大小指的就是这种个体差异。而智力的通俗解释就是“聪明”与“愚笨”。智力与能力的高低首先要看解决问题的水平，这也是学校教育为什么要培养学生分析问题和解决问题能力的原因。智力与能力所表现的良好适应性，出自能力的任务，即积极主动地适应，使个体与环境取得协调，达到认识世界、改造世界的目的。智力与能力的本质就是适应，使个体与环境取得平衡。

智力与能力是有一定区别的。智力偏于认识，它着重解决知与不知的问题，是保证有效地认识客观事物的稳固的心理特征的综合；能力偏于活动，它着重解决会与不会的问题，是保证顺利地进行实际活动的稳固的心理特征的综合。但是，认识和活动总是统一的，认识离不开一定的活动基础；活动又必须有认识参与。所以智力与能力的关系是一种互相制约、互为前提的交叉关系。

(2) 数学能力与数学知识、技能的关系

数学能力与数学知识、数学技能之间是相互联系又相互区别的。概括来说，数学知识是数学经验的概括，是个体心理内容；数学技能是一系列关于数学活动的行为方式的概括，是个体操作技术；数学能力是对数学思想材料进行加工的活动过程的概括，是个性心理特征；数学技能是以数学知识的学习为前提，体现在数学知识的学习和应用过程中。

高校数学技能的形成可以看成是掌握数学知识的一个标志。作为个体心理特性的能力，是对活动的进行起稳定调节作用的个体经验，是一种类化了的经验，而经验的来源有两方面，一是知识习得过程中获得的认知经验；二是技能形成过程中获得的动作经验。而且，能力作为一种稳定的心理结构，要对活动进行有效的调节和控制，必须以知识和技能的高水平掌握为前提，理想状态是技能的自动化。

能力心理结构的形成依赖于已经掌握的知识和技能的进一步概括化和系统化，它是在实践的基础上，通过已掌握的知识、技能的广泛迁移，通过同化和顺应把已有的知识、技能整合为结构功能完善的心理结构而实现的。

4. 影响能力形成与发展的因素

研究影响能力形成与发展的因素，可以回答个体的智力与能力在多大程度上可以得到改变，改变的可能性有多大等问题。这些问题的讨论有助于树立关于高校学生数学能力培养的正确观念。一般说来，影响能力形成与发展的因素不外乎遗传、环境与教育。它们对能力发展的作用究竟如何，心理学家对此进行了长期而深入细致的研究，主要结论如下。

（1）遗传是能力产生、发展的前提

良好的遗传因素和生理发育是能力发展的物质基础和自然前提。遗传对能力发展的作用体现为以下两个方面。第一，遗传因素是影响智力或能力发展的必要条件，但不是充分条件。最近的研究表明，人与人之间的血缘关系愈近，智能的相关程度愈高。同卵双生子的遗传基因相同，他们之间智力相关最高，这显示遗传是决定智能高低的重要因素，但不是决定因素。第二，遗传因素决定了智能发展可能达到的最大范围。相关学者把遗传因素决定的智能发展可能达到的范围形象地比喻为“智力水杯”。即相当于智力潜力，它制约着儿童智力开发的最大限度。但实际上装了多少“水汽”还取决于后天的生活经验与环境教育，即后天的环境教育及活动经验决定了智力或能力发展的实际水平。

（2）环境与教育是智力或能力发展的决定因素

智力或能力的产生与发展是由人们所处的社会的文化、物质环境以及良好的教育所决定的，其中教育起着主导作用。遗传因素为智力或能力的发展提供了生物前提和物质基础，确定了发展的最大上限。而丰富的文化、物质环境和良好的教育等环境刺激则把这种可能性变为现实。

环境刺激对智力或能力发展所起的决定性作用，主要体现于其决定了智能发展的速度、水平、类型、智力品质等方面，决定了智能开发的具体程度。一般情况下，绝大多数学生都具有发展的潜能，但能否得到充分的发展则取决于学校、家长、社会能否为他们提供丰富的、良好的刺激环境。

尽管环境与教育是能力发展的决定因素，但一个人能否利用这些外部因素来充分开发自己的潜能，还取决于其主观努力程度和意识能动水平等非智力因素，许许多多在逆境中努力奋发最后取得成功者证实了这一点。这说明，尽管智力、能力属于认识活动的范畴，但能力的发展与培养不能忽视非智力因素的作用。

（二）高校数学能力的成分与结构

对数学能力的认识是一种发展的过程。首先，数学学科本身在发展，这种发展改变了人们的数学观，使人们对数学本质有更深刻的理解，从而导致人们对数学能力含义的理解发生变化。现代数学的理论与思想给传统数学带来了巨大冲击，这些新的理论和思想渗透在数学教育中，使数学教学内容的重心转移，数学能力的成分及结构也随之解构与重建。其次，社会的进步、科学的发展使高校数学教学目标不断有新的定位，这必然导致对高校数学能力因素关注焦点的改变。最后，随着心理学研究理论的不断深入，研究方法的不断创新，对高校数学能力的因素及结构有着不同角度的审视。

1. 高校数学能力成分结构概述

传统的看法认为，学生的数学能力包括运算能力、逻辑思维能力和空间想象能力，后来对这种提法作了拓展，即运算能力、思维能力、空间想象能力以及分析问题和解决实际问题的能力。我国高校数学教学大纲、高校数学课程标准的提法基本上是上述观点，国内众多学者也持这种观点。应该说，这样划分数学能力因素在一定程度上体现了高校数学能力的特殊性，对我国的数学教育尤其是培养学生的数学能力起了很大的作用。

（1）克鲁捷茨基对数学能力结构的研究[①]

对国内学生数学能力结构研究产生重要影响的是苏联教育心理学家

---

① ［苏］克鲁捷茨基：《中小学生数学能力心理学》，李伯黍等，译，上海教育出版社，1983年版。

克鲁捷茨基的学说。他通过对各类学生的广泛实验调查，系统地研究了数学能力的性质和结构，认为学生解答数学题时的心理活动包括以下三个阶段：①收集解题所需的信息；②对信息进行加工，获得一个答案；③把有关这个答案的信息保持下来。与此相关联，克鲁捷茨基提出数学能力成分的假设模式，列举了数学能力的9个成分：①能使高校数学材料形式化，并用形式的结构，即关系和联系的结构来进行运算的能力；②能概括数学材料，并能从外表上不同的方面去发现共同点的能力；③能用数学和其他符号进行运算的能力；④能进行有顺序的严格分段的逻辑推理能力；⑤能用简缩的思维结构进行思维的能力；⑥思维的机动灵活性，即从一种心理运算过渡到另一种心理运算的能力；⑦能逆转心理过程，从顺向思维系列过渡到逆向思维系列的能力；⑧数学记忆力，关于概括化、形式化结构和逻辑模式的记忆力；⑨能形成空间概念的能力。克鲁捷茨基注重分析了思维过程。

（2）卡洛尔对数学能力的研究[①]

卡洛尔采用探索性因素分析、验证性因素分析以及项目反应理论对数学能力进行研究，得出了认知能力的三层理论。其中，第一层100多种能力，第二层包括流体智力、晶体智力、一般记忆和学习、视觉、听觉、恢复能力、认知速度、加工速度。卡洛尔还研究了各种能力与数学思维的关系以及能力与现实世界中的实际表现之间的关系等。

（3）林崇德对学生数学能力结构的研究[②]

我国林崇德教授主持的“学生能力发展与培养”实验研究，从思维品质入手，对数学能力结构作了如下描述：数学能力是以概括为基础，由运算能力、空间想象能力、逻辑思维能力与思维的深刻性、灵活性、独创性、批判性、敏捷性所组成的开放的动态系统结构。他以数学学科传统的“三大能力”为一个维度，以五种数学思维品质（思维的深刻

---

① 兰正强：《小学数学教学中对学生逻辑思维能力的培养研究》，北京燕山出版社，2017年版。

② 林崇德：《教育的智慧：写给中小学教师》，浙江教育出版社，2019年版。

性、灵活性、独创性、批判性、敏捷性）为一个维度，构架出一个以“三大能力”为“经”，以五种思维品质为“纬”的数学能力结构系统。

此外，林崇德教授还对15个交叉点做了细致的刻画。例如，逻辑思维能力与思维的独创性的交会点，其内涵包括四个方面：①表现在概括过程中，善于发现矛盾，提出猜想给予论证；善于按自己喜爱的方式进行归纳，具有较强的类比推理能力与意识。②表现在理解过程中，善于模拟和联想，提出补充意见和不同的看法，并阐述理由或依据。③表现在运用过程中，分析思路、技巧运用独特新颖，善于编制机械模仿性习题。④表现在推理效果上，新颖、反思与重新建构能力强。

（4）李镜流等对数学能力结构的研究①

李镜流在《教育心理学新论》一书中表述的观点为：数学能力是由认知、操作、策略构成的。认知包括对数的概念、符号、图形、数量关系以及空间关系的认识；操作包括对解题思路、解题程序的表述以及逆运算的操作；策略包括解题直觉、解题方式及方法、速度及准确性、创造性、自我检查、评定等。王有文所著的《高等数学学习论》② 中写道：“数学能力由运算能力、空间想象能力、数学观察能力、数学记忆能力和数学思维能力五种子成分构成。”张士充从认识过程角度出发，提出数学能力四组八种能力成分，即观察—注意能力，记忆—理解能力，想象—探究能力，对策—实施能力。

2. 确定高校数学能力成分的标准

确定高校数学能力成分的研究必须遵循一定的原则和标准，这样才能保证所做的研究是合理、有效的。

（1）高校数学能力成分的确定应当满足成分因素的相对完备性

所谓完备性，指高校数学能力结构中应包括所有的数学能力成分。但事实上要达到绝对的完备是难以做到的，甚至是不可能的。作为对高校数学能力的理论研究，应尽量追求对象的完备性，而从教育的角度

---

① 李镜流：《教育心理学新论》，光明日报出版社，1987年版。

② 王有文：《高等数学学习论》，中央民族大学出版社，2016年版。

看，追求数学能力的绝对完备却没有实在意义。确定作为培养和发展学生的数学能力因素，要根据社会发展对培养目标提出的要求，研究哪一些数学能力成分对于培养未来公民所必备的数学素质是必不可少的因素，哪一些数学能力因素具有某种程度的迁移作用，即能促进学生综合能力的发展。

（2）高校数学能力成分的确定要有明确的目标性

这有两层含义，第一层含义是指所确定的能力因素确实可以在教学中实施，而且能够达到预期的目的，即能力因素具有可行性。例如，将“高校数学研究能力”作为培养学生数学能力的一个能力要素，就不具有可行性。第二层含义是指对每种数学能力成分应有比较具体可行的评价指标，因为数学能力存在着个性差异，同一种数学能力因素会在不同的学生中表现出明显的水平差异，因此要制定一个统一的标准，去衡量学生是否已具备了某种数学能力且是否达到了数学能力发展的目标。

（3）高校数学能力成分应满足相对的独立性

数学可视化能力便是具有独特价值的一种。在解决高维空间问题、复杂函数分析等情境中，学生能将抽象的数学概念转化为直观的图形、图像，如通过绘制三维曲面来理解多元函数。这种能力独立于常规的逻辑推导与计算，它以一种创造性的方式搭建起抽象与具象的桥梁。拥有这种独立能力，学生能在脑海中“看见”数学，迅速把握问题核心，为进一步运用其他数学能力，如运算求解、逻辑推理等，开辟新的视角和途径。

3. 高等数学能力的成分结构

高等数学能力是在数学活动过程中形成和发展起来的，并且是通过该类活动表现出来的一种极为稳定的心理特征。研究数学能力也应从数学活动的主体、客体及主客体交互作用方式三个方面进行全方位考察。就数学活动而言，对主体的考察主要立足于对主体认知特点的考察，对客体的考察则主要是对数学学科特点的考察，至于主客体交互作用方式则突出表现为主体的数学思维活动方式。

高等数学活动包含以下心理过程：知觉、注意、记忆、想象、思维。因而，在高等数学活动过程中形成和发展起来的数学观察力、注意力、记忆力、想象力、思维力也就必然是构成高等数学能力的基本成分。就数学学科特点、主体数学思维活动特点来分析，数学能力指用数字和符号进行运算，对运算能力、空间想象能力等数学思维能力以及在此基础上形成的数学问题解决能力。

数学观察力、注意力、记忆力是主体从事数学活动的必然心理成分，因此是数学能力的必要成分，称为数学一般能力。而运算求解能力、抽象概括能力、推理论证能力、空间想象能力、数据处理能力则体现了高校数学学科的特点，是主体从事数学活动所表现出来的特殊能力，称为数学特殊能力。数学一般能力和数学特殊能力共同构成数学能力的基础，同时二者又是构成数学实践能力这一更高层次的数学能力的基础。数学实践能力包括学生数学地提出问题、分析问题和解决问题的能力，应用意识和创新意识能力，数学探究能力，数学建模能力和数学交流能力。从学生可持续发展和终身学习的要求来看，数学发展能力应包括独立获取数学知识的能力和数学创新能力。培养学生的高校数学发展能力是数学教育的最高目标，也是知识经济时代知识更新周期日益缩短对人才培养的要求。

二、空间想象能力及其培养

（一）表象和想象

1. 表象

空间想象与表象有关。认知心理学认为，表象与知觉有许多共同之处，它们均为具体事物的直观反映，是客观世界真实事物的类似物。二者的区别在于，知觉是对直接作用于感觉器官的对象或现象进行加工的过程，知觉依赖于当前的信息输入。当知觉对象不直接作用于感官时，人们依然可对视觉信息和空间信息进行加工，这就是心理表象。即表象不依赖于当前的直接刺激，没有相应的信息输入，它依赖于已贮存于记忆中的信息和相应的加工过程，是在无外部刺激的情况下产生的关于真实事物的抽象的类似物的心理表征。

作为不直接作用于感官的真实事物的抽象的类似物，表象与感知相比，具有不太稳定、不太清晰的特点。正由于表象具有不太稳定、不太清晰的特性，所以，当人们需要从表象中获取更多的信息时，常根据表象画出相应的图形，以便进一步加工。图形是人们根据感知或头脑中的表象画出的，是展现在二维平面上的一种视觉符号语言，是对客观事物的形状、位置、大小关系的抽象表示。

2. 想象

想象是在客观事物的影响下，在语言的调节下，对头脑中已有的表象经过结合、改造与创新而产生新表象的心理过程，因此，想象又称为想象表象。

（二）空间想象能力结构

1. 空间观念

综合已有的研究成果，结合数学学习的特点，考虑到空间想象能力的层次性，可以将空间想象能力分为如下四个基本成分。

高校数学教育课程标准对教育阶段学生应该具有的空间观念规定如下：

（1）能够由实物的形状想象出几何图形，由几何图形想象出实物的形状，进行几何体与其视图、展开图之间的转换，能根据条件做出立体模型或画出图形。

（2）能描述实物或几何图形的运动和变化，能采用适当的方式描述物体之间的位置关系。

（3）能从较复杂的图形中分解出基本的图形，并分析其中的基本元素及其关系。

（4）能运用图形形象地描述问题，利用直观来进行思考。

2. 建构几何表象的能力

在语言或图形的刺激下，在头脑中形成表象，或者在头脑中重新建构几何表象的能力称为建构几何表象的能力。这种建立表象的过程必须以空间观念为基础，必须在语言指导下进行，图形刺激仅起到辅助作用。

三、高校数学能力的培养

（一）高校数学能力培养的基本原则

高校数学能力培养需要满足如下六项原则。

1. 启发原则

教师通过设问、提示等方式，为学生创造独立解决问题的情景、条件，激励学生积极参与解决问题的思维活动，参与思维为其核心。

2. 主从原则

高校数学教学要根据教材特点，确定每章、每节课应重点培养的一至三个数学能力。可依据数学能力与教材内容、数学活动的关联特点去确定每章和每节课应重点培养的数学能力。

3. 循序原则

循序原则的实质，在于充分认识能力的培养与发展是一个渐进、有序的积累过程，是由初级水平向高级水平逐步提高的过程。所以，若简单的认知能力不具备，也就不可能形成和发展高一级的操作能力，乃至复杂的策略运用能力。

4. 差异原则

高校数学教学要根据学生的不同素质和现有能力水平，对学生提出不同的能力要求，采取不同的方法和措施进行培养，即因材施教。教师应及时了解教学效果，随时调整教学计划。

5. 情意原则

在高校数学教学过程中，建立良好的师生情感，培养学生良好的学习品质，是能力培养不可忽视的原则。

（1）要认识到每一个正常的学生都具有学好数学的基本素质

人所具有的能力是在先天生理素质的基础上，通过社会活动，系统教育科学的训练逐渐形成和发展起来的，其中生理素质是能力形成和发展的先决条件和物质基础。学生能否真正学好数学，还在于教师能否采用有效手段去激发学生的学习兴趣和求知欲望，充分发挥他们的潜能，发展他们的能力。

(2) 教师必须正视学生数学能力的差异

学生的数学能力表现出明显的个体差异，教师对学生的数学能力必须给予正确的评估。

(3) 采取措施让学生积极地参与高校数学活动，主动探索知识

高校数学能力的培养要在数学活动中进行，这就要求教师在高校数学教学中必须强调数学活动的过程教学，展示知识发生、发展的背景，让学生在这种背景中产生认知冲突，激发求知、探究的内在动机；不要过早地呈现结论，以确保学生真正参与探索、发现的过程；要正确地处理教材中的“简约”形式，适当地再现数学家思维活动的过程，并根据学生的思维特点和水平，精心设计教学过程，让学生看到数学思维过程；注意暴露和研究学生的思维过程，及时引导、启迪，发现错误，及时纠正，并帮助总结思维规律和方法，使学生的思维逐渐发展。

(4) 高校数学能力培养的目标观

教师应该依据教学内容制定高校数学能力培养的具体目标，把能力培养作为高校数学教学任务来要求。

(5) 高校数学能力培养的策略观

高校数学能力培养既有一般规律，又有特殊规律，是一个系统工程，所以要有一定的战略战术，既要讲究策略，又要有具体明确的培养计划。

6. 反馈原则

(1) 全面、准确地认识数学能力结构，充分发挥模式能力的桥梁作用

为了促进学生数学能力的全面发展，教师要全面、准确地认识学生数学能力结构。一方面要全面认识、准确理解学生数学能力的成分；另一方面要正确认识这些能力成分之间的关系，在教学中要充分发挥模式

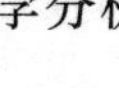

能力的桥梁作用，使得各个成分之间互相联系。

（2）精确加工与模糊加工相结合

数学是一门具有高度的抽象性、严密的逻辑性的科学。高校数学知识体系的特征为精确、定量。然而除了精算能力之外，发展学生的估计能力对于提高学生的问题解决能力也是非常重要的，二者不可互相代替。

（3）形式化与非形式化相结合

形式化是高校数学的固有特点，也是理性思维的重要组成部分，学会将实际问题形式化是学生需要学习和掌握的基本数学素质。不过，也不应因此而忽视了合情推理能力的培养。从抽象到抽象，从形式到形式的一系列客观数学事实，使学生无法理解数学与现实世界的联系，无法激发学生的数学学习兴趣。

（二）高校数学能力的培养策略

高校数学能力的培养主要是在课堂教学中进行的。根据具体的教学内容，确定具体的教学目标、明确培养何种数学能力要素，并通过有效的教学手段去实现教学目标。

1. 能力的综合培养

对数学能力结构进行定性与定量分析后，提出了高校数学思维能力培养策略。

（1）各种能力因素的培养应在相应的思维活动中进行

高校数学思维能力及各构成因素是在数学思维活动中形成和发展的，所以，有必要开发好的数学思维活动。数学思维活动可以看作是按下述模式进行的思维活动：

①经验材料的数学组织化，即借助观察试验、归纳、类比、概括积累事实材料。

②高校数学材料的逻辑组织化，即由积累的材料中抽象出原始概念和公理体系，并在这些概念和体系的基础上演绎地建立理论。

（2）能力因素的培养要有专门的训练

教学过程中应设计一些侧重某一能力因素的训练题目，能力的培养需要一定的练习。

(3) 教学的不同阶段应有不同的侧重点

每一知识块的教学都可分为入门阶段和后继阶段。在入门阶段，新知识的引入要基于最基本、最本原、最一般、与原有知识联系最紧密的材料上，使学生易于过渡到新的领域。要尽早渗透新的数学思想方法，使学生的思维能有一般性的分析方法和思考原则。后继阶段是思维得以训练的好时期。由于有了入门阶段建立起的思维框架，学生的思维空间得到拓宽，各项思维能力因素都应得到训练。

2. 特殊数学能力要素的培养策略

许多研究是围绕某些特殊数学能力要素的培养展开的。

(1) 运算能力的培养

运算能力是在实际运算中形成和发展的，并在运算中得到表现。这种表现有两个方面，一是正确性，二是迅速性。正确是迅速的前提，没有正确的运算，迅速就没有实际内容，在确保正确的前提下，迅速才能反映运算的效率。运算能力的迅速性表现为准确、合理、简捷地选用最优的运算途径。培养学生的运算能力必须做好两个方面。①牢固地掌握概念、公式、法则。数学的概念、公式、法则是数学运算的依据。高校数学运算的实质，就是根据有关的运算定义，利用公式、法则从已知数据及算式推导出结果。在这个推理过程中，如果学生把概念、公式、法则遗忘或混淆不清，就必然影响结果的正确性。②掌握运算层次、技巧，培养迅速运算的能力。高校数学运算能力结构具有层次性的特点。从有限运算进入无限运算，在认识上确实是一次飞跃，过去对曲边梯形的面积计算让人感到十分困惑不解的问题，现在能辩证地去理解它，这说明辩证法又进入运算领域。

在每个层次中，还要注意运算程序的合理性。运算大多是有一定模式可循的。然而由于运算中选择的概念、公式、法则的不同往往繁简各异。由于运算方案不同，应从合理性上下功夫。所以教学中要善于发现和及时总结这些带有规律性的东西，抓住规律，对学生进行严格的训练，使学生掌握这些规律，自然而然地提高运算速度。

如果数学运算只抓住了一般的运算规律还是不够的。必须进一步形成熟练的技能技巧，因为在运算中，概念、公式、法则的应用对象十分复杂，没有熟练的技能技巧，常常会出现意想不到的麻烦。

此外，应要求学生掌握口算能力。运算过程的实质是推理，推理是从一个或几个已有的判断中做出一个新的判断的思维过程。运算的灵活性具体反映思维的灵活性，善于迅速地引起联想、善于自我调节，迅速及时地调整原有的思维过程。

（2）逻辑思维能力的培养

①重视高校数学概念教学，正确理解数学概念。在高校数学教学中要定义新的概念，必须明确下定义的规则，所以在定义数学概念时，必须找出该概念的最邻近种概念和类差，启发学生深刻理解。

②要重视逻辑初步知识的教学，使学生掌握基本的逻辑方法。传统的数学教学通过大量的解题训练来培养逻辑思维能力，除一部分尖子学生外，这对多数学生来说，收获是不大的。

③通过解题训练，培养学生的逻辑思维能力。通过解题，加强逻辑思维训练，培养思维的严谨性，提高分析推理能力，要注意解题训练要有一个科学的系列。

首先，要让学生熟悉演绎推理的基本模式：演绎三段论（大前提—小前提—结论）。由于演绎三段论是分析推理的基础，在教学中，就可以进行这方面的训练。在教授数或式的运算时，要求步步有据，教师在讲解例题时要示范批注理由。

其次，在平面几何的学习中，要训练学生语言表达的准确性，严格按照三段论式进行基本的推理训练，并逐步过渡到通常使用的省略三段论式。经过这样的推理训练，学生在进行复杂的推理论证时，才能保持严谨的演绎思维。

（3）空间想象能力的培养

①适当地运用模型是培养空间想象力的前提。感性材料是空间想象

力形成和发展的基础，通过对教具与实物模型的观察、分析，使学生在头脑中形成空间图形的整体形象及实际位置关系，进而才能抽象为空间的几何图形。

②准确地讲清概念、图形结构是形成和发展空间想象力的基础。“立体几何”是培养学生空间想象力的重要学科。准确、形象地理解概念和掌握图形结构，有助于空间想象能力的形成和发展。

③直观图是发展空间想象力的关键。所谓空间概念差，表现为画出的图形不富有立体感，不能表达出图形各部分的位置关系及度量关系。

④运用数形结合方法丰富学生空间想象能力。通过几何教学进行空间想象力的训练，固然可以发展学生的空间想象的数学能力。但是培养学生的空间想象力不只是几何的任务，在高校数学的其他科目中都可以进行。

（4）解题能力的培养

解题能力主要是在解题过程中获得的，一个完整的数学解题过程可分为三个阶段：探索阶段、实施阶段与总结阶段。

①探索阶段。在探索阶段主要是弄清问题、猜测结论、确定基本解题思路，从而形成初步方案。具体的数学问题往往有很多条件，有很多值得考虑的解题线索，有很多可以利用的数量关系和已知的数学规律：从众多条件、线索、关系中很快理出一个头绪。在形成一个逻辑上严谨的解题思路的过程中，学生的思维能力便得到了训练和提高。在教学中，教师应经常引导学生理清已学过知识之间的逻辑线索，练习由某种数量关系推演出另一种数量关系，进而把问题的条件、中间环节和答案连接起来，减少探索的盲目性。

具备猜测能力是获得数学发现的重要因素，也是解题所必不可少的条件。数学猜测是根据某些已知数学条件和数学原理对未知的量及其关系的推断。它具有一定的科学性，又有很大程度的假定性。在高校数学教学中进行数学猜测能力的训练，对于学生当前和长远的需要都是有好处的。

②实施阶段。实施阶段是验证探索阶段所确定的方案，最终实现方案，并判定探索阶段所形成的猜测的过程。这个过程实际上就是进行推理、运算，并用数学语言进行表述的过程。从一定意义上讲，数学可以看成一门证明的科学，其表现形式主要是严格的逻辑推理。因此，推理是实施阶段的基本手段，也是学生应具备的主要能力。推理、运算过程的表述就是运用数学符号、公式、语言表达推理、运算的过程。

③总结阶段。数学对象与数学现象具有客观存在的成分。它们之间有一定事实上的关联，构成有机整体，数学命题是这些意念的组合。在这个阶段通常必须进一步思考解法是否最简捷，是否具有普遍意义，问题的结论能否引申发展。进行这种再探索的基本手段是抽象、概括和推广。

第二节　高校数学教学的思维方法

一、高校数学思想方法的主要教学类型探究

（一）情境型

高校数学思想方法教学的第一种类型应该属于情境型，人们在很多问题的处理上往往“触景生情”地产生各种想法，数学思想方法的产生也往往出自各种情境。情境型数学思想方法教学可以分为“唤醒”刺激型和“激发”灵感型两种。“唤醒”刺激型属于被激发者已经具备某种数学思想方法，但需要外界的某种刺激才能联想的教学手段，这种刺激的制造者往往是教师或教材编写者等，刺激的方法往往是由弱到强。为了达到这种手段，教师往往采取创设情境的方法，然后根据学生的情况，进行适度启发，直至他们会主动使用某种数学思想方法解决问题为止；“激发”灵感型属于创新层面的数学思想方法教学，学生以前并未接触某种数学思想方法，在某个情境的激发下，思维突发灵感，会创造性地使用某种数学思想方法解决问题。

情境型数学思想方法教学必须具备三个条件：第一，一定的知识、技能、思想方法的储备。第二，被刺激者具有一定的主动性。第三，具有一定的激发手段的情境条件。

情境型数学思想方法教学的主要意图在于通过人为情境的创设让学生产生捕捉信息的敏感性。形成良好的思维习惯，将来在真正的自然情境下能够主动运用一些思想方法去解决问题。

外界情境刺激的强弱对主体的数学思想方法的运用是有一定关系的。当然，与主体的动机及内在的数学思想方法储备关系更密切。就动机而言，问题解决者如果把动机局限在问题解决，那么其只要找到一种数学思想方法解决即可，不会再用其他数学思想方法了。而教师要达到教育目的，其往往会诱导甚至采用手段使学生采用更多的数学思想方法去解决同一个问题。因此，应该以通性通法作为数学思想方法的教育主线，至于每一道数学问题解决的偏方，可以在解决之前由学生根据自己临时状态处理，解决后可以采取启发甚至直接展示等手段以“开阔”学生解决问题的视野。

任何一个数学问题可以理解为激发学生数学思想方法运用的情境。其实，在教学过程中，任何一章、一个单元、一节课都有必要创设情境，其背后都有数学思想方法教育的任务。

不管是一个章节还是一个具体的数学问题，这种利用情境激发学生的数学思想方法去解决问题的最终目的是使学生在将来的实际生活中能够运用所形成的数学思想方法，甚至创设一种数学思想方法去解决相关问题。所以，现在的课程比较注重创设实际问题情境。引导学生用数学的眼光审视、运用数学联想、采用数学工具、利用数学思想方法去解决实际问题。欧拉从人们几乎陷入困境的七桥问题中构思出精妙的数学方法，并由此诞生了一门新的学科——拓扑学；高斯很小就构思出倒置求和的方法求出前 100 个自然数的和，被人们传为佳话而写进教科书。因此，创设生活情境让学生运用甚至创造性地运用数学思想方法去解决实际问题也是高校数学教师不可忽视的教学手段。

情境型数学思想方法教学应该正确处理好数学情境与生活情境的关系，两种情境的创设都很重要。尽管现在新课程比较强调一节课从实际问题情境引入，但应该注意，数学思想方法的产生和培养往往都是通过这些情境的创设来达到的，因此，教师要根据教学任务，审时度势地创设合适的情境进行教学。

（二）渗透型

渗透型数学思想方法教学是指教师不挑明属于何种数学思想方法而进行的教学，它的特点是有步骤地渗透，但不指出。

所谓唤醒是指创设一定的情境把学生在平时生活中积累的经验从无意注意转到有意注意，激活学生的“记忆库”，并进行记忆检索；而归纳是指将学生激发出来的不同生活原型和体验进行比较与分析，并对这些原型和体验的共性进行归纳，这个环节是能否成功抽象的关键，需用足够的“样本”支撑和一定的时间建构。抽象过程是需要主体的积极建构，并形成正确的概念表征。描述是教师为了让学生形成正确概念表征的教学行为，值得注意的是，教师的表述不能让学生误以为是对元概念的定义。

元概念的教学以学生能够形成正确的表征为目标，学生需要一个逐步建构的过程，教师不能越俎代庖。

其实，点、线、面的教学有数学思想方法的“暗线”。第一，研究繁杂的空间几何体必须有一个策略，那就是从简单到复杂的过程，第一个策略是从“平”到“曲”，然后再到“平”与“曲”的混合体。第二个策略是需要对“平”的几何体进行“元素分析”，自然注意到点、直线、平面这些基本元素。第二，如果对空间几何体彻底进行元素分析，点可以称得上最基本的了，因为直线和平面都是由点构成的。但是，纯粹由点很难对空间几何体进行构造或描述，就连描述最简单的直线和平面图形也是有困难的，如果添加直线，由直线和点对平面进行定义也是有困难的。因此，把点、直线、平面作为最基本元素来描述和研究空间几何体就容易得多了。第三，要用点、线、面去研究其他几何体，理顺它们三者之间的关系成了当务之急，这就是为什么引进点、线、面概念后要研究它们关系的基本想法。第四，点可以成线、线可以成面这是学生都知道的事实。立体几何中点、线、面的教学就是典型的渗透型数学思想方法教学。

渗透型数学思想方法几乎贯穿于整个高校数学教学过程，高校教师的教学过程设计及处理背后往往都含有丰富的数学思想方法，但教师应让学生自己去体验，除非有特殊需要，教师可以点明或进行专题教学。

(三) 专题型

专题型数学思想方法教学属于教师指明某种数学思想方法并进行有意识的训练和提高的教学。高校数学教学中应该以通性通法为教学重点，教学应该对这些方法足够重视，值得指出的是，目前对一些数学思想方法，各个教师的认识可能不尽相同，因此处理起来就各有侧重。数学思想方法教学有文化传承的意义，中国数学教学改革及教材改革应该对此有所关注。

(四) 反思型

高校数学思想方法有大法也有小法，有的大法是由一些小法整合而成的，这些小法就有进一步训练的必要。因此，如何整合一些数学思想方法是一个很值得探讨的话题，而这些整合往往得通过学生自己进行必要的反思，也可以在教师的组织下进行反思和总结，这种数学思想方法的教学称为反思型数学思想方法教学。

二、思想方法培养的层次性

学生头脑中的数学思想方法到底是怎样形成的？如何进行有策略的培养？这些显然是高校数学教师关心的问题。数学中的思想方法很多，但培养层次高低不同，要做到“一把钥匙开一把锁”或“点到为止”。尽管任何一种数学思想方法形成的教学要求有高低，但根据观察，它们应该从低到高经历不同的层次，也可以理解为不同的阶段：隐性的操作感受阶段、孕伏的训练积累阶段、感悟的文化修养阶段。

(一) 高校数学思想方法培养的层次性简析

1. 第一层次：隐性的操作感受

学生接受一些高校数学基础知识及技能开始时一般采取“顺应”的策略，他们知道这些数学知识及技能背后肯定有一些“想法”，但出于对这些新的东西“不熟”，一般就会先达到“熟悉”的目的，边学习边感受。而教师一般也不采取点破的策略，只让学生自己去学习，用一些掌握知识和技能的“要领”对学生进行“点拨”，有时也借助一些“隐晦”语言试图让学生能够尽快地感悟。应该说，此时对数学思想方法的感悟处于一种自由的感受直至感悟阶段，不同的学生感受各不相同。

“隐性的操作感受”主要有如下几个特征：

(1) 知识的反思性极强，对高校数学知识和技能的获得方法的反思、对数学知识的结果表征和对技能的获得的观察、多向思考尤其是逆向思维的运用等，均需要学生边学习边反思。

(2) 处于“意会期”情形较多，这个时期的数学思想方法可谓“只可意会，不可言传”，尽管有一些可以通过语言讲述，但教师更多的是让学生去体验和感悟，给学生一个观察与反思的机会，以培养学生的“元认知”能力。

(3) 发散度极强。对于“感悟性极强”的数学思想方法培养，应该给学生思维以更大的发散空间，而“隐性的操作感受”恰好符合这个要求，因为对人类已经发明或创设的数学知识及背后的思想方法进行重新审视和反思，往往能够提供给学生一个创新机会。

2. 第二层次：孕伏的训练积累

尽管教师给学生一种“隐性的操作感受”，但由于学生的年龄特征及知识和能力的局限，如果没有进行必要的点拨，他们也很可能无法“感悟到”数学知识背后的一些数学思想方法，所以教师应该适时进行点拨。教师通过数学知识的传授或数学问题的解决，采用显性的文字或口头语言“道出”一些数学思想方法并对学生有意识训练的阶段称为“孕伏的训练积累阶段”，其中“孕伏”是指为形成“数学文化修养”打下埋伏。这个阶段教师的教学行为导向性比较明显，是将内蕴性较强的高校数学思想方法显性化传输的一个时期，也可能是学生有意识地去“知觉”的阶段，是学生对高校数学思想方法感悟和学习的重要提升阶段。

处于“孕伏的训练积累”的高校数学思想方法教学具有以下几个特征：

(1) 显性化。教师采用抽象和精辟的语言概括出学生所学数学知识背后的高校数学思想方法，使学生从“初步感受阶段”中“豁然开朗”。

(2) 导向性。教师在这个阶段的教学行为导向性非常明显，不仅使用显性而明确的语言概括出数学知识背后蕴含的数学思想方法，而且还编拟一些数学问题进行训练，以增强运用某种数学思想方法的意识。

(3) 层次性。教师根据学生在学习的不同阶段，采用不同层次的抽象语言来概括数学思想方法，经常采用“××法”等过渡性词语来表达一些数学思想。

(4) 积累性。人类对自己的思想方法也是一个无限发展的过程。“孕伏的训练积累阶段”就是一些数学思想在学生面前的“曝光阶段”，很可能在学生面前“曝光”一种数学思想方法却同时在孕育着另一种更高层次的数学思想方法，低层次的数学思想方法培养的“孕伏的训练积累阶段”可能是更高层次的数学思想方法培养的“隐性的操作感受阶段”。

在概括高校数学思想方法的时候应该特别强调具有“数学味”，体现以数学为载体在培养人的思想方法方面的特殊价值，让数学思维成为人类思维活动的一枝奇葩。

3. 第三层次：对感悟的文化修养

在这一层次，学生对数学思想方法的感悟上升到了文化层面。数学不仅仅是一门学科知识，更是一种文化现象。通过对数学思想方法的深入感悟，学生开始领略到数学文化的博大精深。

一方面，他们认识到数学的严谨性、逻辑性和抽象性所蕴含的文化价值。数学的严谨性培养了学生追求真理、一丝不苟的精神品质；逻辑性让学生学会理性思考、有条理地分析问题；抽象性则拓展了学生的思维空间，培养了他们的创造力和想象力。

另一方面，学生开始了解数学在人类文明发展中的重要地位和作用。从古代的数学成就到现代的数学前沿，数学始终是推动科学技术进步和社会发展的重要力量。通过学习数学思想方法，学生能够更好地理解人类智慧的结晶，增强对人类文化的认同感和自豪感。

此外，在这一层次，学生还注重将数学思想方法与其他学科和领域进行融合。他们认识到数学与自然科学、社会科学、人文艺术等都有着密切的联系，数学思想方法可以为其他学科的研究提供有力的工具和方法。通过跨学科的学习和交流，学生拓宽了视野，培养了综合素养和创新能力。

总之，第三层次的对感悟的文化修养阶段，使学生在更高的层面上理解和运用数学思想方法，不仅提升了他们的数学素养，也丰富了他们的文化内涵。

（二）高校数学思想方法阶段性培养的几点思考

高校数学思想方法形成的层次性或阶段性分析是一个尝试，目的是提醒教师在培养过程中根据不同的时期，灵活选择培养手段。将注意事项概括为以下三点，读者可以进一步探索和补充。

1. 要准确把握好各个阶段的特征

一种数学思想方法必须经历孕育、发展、成熟的过程，不同时期的特征各不一样，教育手段也相差甚远。值得指出的是，各种思想方法培养所经历的不同时期的时间往往是不一致的。应该了解各种思想方法的特征，从学生今后发展的宏观角度认识数学思想方法的价值，有意识、有步骤地进行渗透和培养。

2. 注意各种思想方法的有机结合

各种思想方法的有机结合有多个方面，一是思想方法具有逐级抽象的过程，“低层次”的数学方法可能“掩盖”了“高层次”的数学思想，

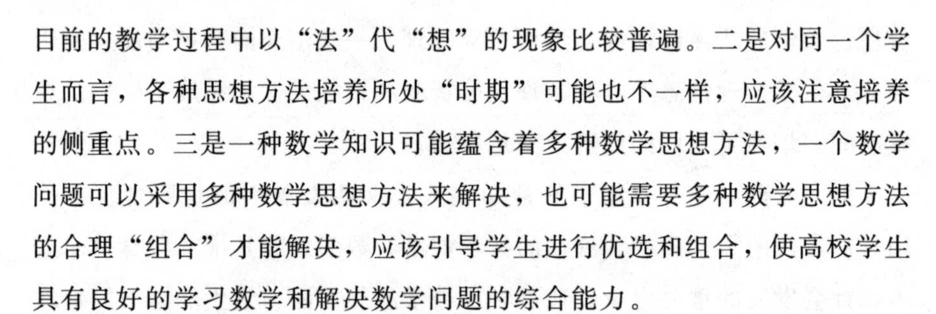

目前的教学过程中以“法”代“想”的现象比较普遍。二是对同一个学生而言，各种思想方法培养所处“时期”可能也不一样，应该注意培养的侧重点。三是一种数学知识可能蕴含着多种数学思想方法，一个数学问题可以采用多种数学思想方法来解决，也可能需要多种数学思想方法的合理“组合”才能解决，应该引导学生进行优选和组合，使高校学生具有良好的学习数学和解决数学问题的综合能力。

3. 认真体验和反思数学思想方法

数学方法具有显性的一面，而数学思想往往具有隐性的一面，数学思想通过具体数学方法来折射，可以这样认为，能否在千变万化的数学方法中概括出数学思想是衡量一个学生或数学教师的水平和数学修养的重要标志，教师只有提升自己的认识水平，才能高屋建瓴地有效培养学生的数学思想。因此，完全可以通过体验和反思目前已有的数学思想方法，使教师的观点和水平得到进一步提高。

第三节　高校数学教学的逻辑基础

一、数学概念

概念是思维的基本单位，是思维的基础。现代心理学研究认为，大脑的知识可以等效为一个由概念结点和连接构成的网络体系，称为“概念网络”。由于概念的存在和应用，人们可以对复杂的事物作简化、概括或分类。概念将事物依其共同属性而分类，依其属性的差异而区别，因此概念的形成可以帮助学生了解事物之间的从属与相对关系。数学概念是数学研究的起点，数学研究的对象是通过概念来确定的。

（一）高校数学概念概述

1. 概念的定义

概念是哲学、逻辑学、心理学等学科的研究对象，各学科对概念的理解是不一样的，概念在各学科的地位和作用也不一样。哲学上把概念理解为人脑对事物本质特征的反映，因此认为概念的形成过程就是人对事物的本质特征的认识过程。

依据哲学的观点，高校数学概念是对数学研究对象的本质属性的反映。由于数学研究对象具有抽象的特点，因而高校数学是依靠概念来确定研究对象的。数学概念是数学知识的根基，也是数学知识的脉络，是构成各个数学知识系统的基本元素，是分析各类数学问题，进行数学思维，进而解决各类数学问题的基础。准确理解数学概念是掌握数学知识的关键，一切分析和推理也主要是依据概念和应用概念进行的。

2. 概念的内涵与外延

任何概念都有含义或者意义，概念的内涵就是指反映在概念中的对象的本质属性，概念的外延就是指具有概念所反映的本质属性的对象。

内涵是概念的质的方面，它说明概念所反映的事物是什么样子的，外延是概念的量的方面，通常说的概念的适用范围就是指概念的外延，它说明概念反映的是哪些事物。概念的内涵和外延是两个既密切联系又互相依赖的因素，每一科学概念既有其确定的内涵，也有其确定的外延。因此，概念之间是彼此互相区别、界限分明的，不容混淆，更不能偷换，教学时要概念明确。从逻辑的角度来说，基本要求就是要明确概念的内涵和外延，即明确概念所指的是哪些对象，以及这些对象具有什么本质属性。只有对概念的内涵和外延两个方面都有准确的了解，才能说对概念是明确的。应当指出：

（1）按照传统逻辑的说法，概念的外延是一类事物，这些事物是那个类的分子，但按现代逻辑的说法，习惯上把类叫作集合，把分子叫作元素，这样就把探讨外延方面的问题归之为讨论集合的问题。

（2）有些概念是反映事物之间关系的，就自然数而论，它们的外延就不是一个一个的事物而是有序对集。

（3）概念的内涵和外延是相互联系、互相制约的，概念的内涵确定了，在一定条件下概念的外延可以由之确定。反过来，概念的外延确定了，在一定条件下概念的内涵也可以因此而确定。掌握一个概念，有时不一定能知道它的外延的全部，有时也不必知道它的外延的全部，如“三角形”这个概念是大家所掌握的，但是不必要，也不可能知道它的外延的全部，即世界上所有的具体三角形，但是只要掌握一个标准，根据这个标准就能够确定某一对象是否属于这个概念的外延，而这个标准就是概念的内涵。内涵是概念所反映对象的本质属性，对某一个具体图像，都可以明确地说出它是三角形或不是三角形。

(二) 高校数学概念的分类

对概念的分类是心理学家的一种追求，因为这是问题研究的一个起点。给高校数学概念分类的目的在于，一是从理论上解析数学概念结构，从而为高校数学概念学习理论奠定基础；二是在教学设计中，便于根据不同类型概念制定相应的教学策略。

概念分类有不同的标准，对概念分类主要采用以下几种方式：从数学概念的特殊性入手分类，突出数学概念的特征；从逻辑学角度进行分类，在一般概念分类的基础上对数学概念进行划分；用学习心理理论对概念进行分类，以揭示不同概念学习的心理特征。从教育心理学的角度看，对概念进行分类的目的是为概念教学服务的，围绕如何教的概念分类是人们追求的目标。

1. 原始概念、入度大的概念、多重广义抽象概念

有学者依据概念之间的关系，把数学概念分为原始概念、入度大的概念、多重广义抽象概念。徐利治先生认为，数学概念间的关系有三种形式。

(1) 弱抽象。即从原型 A 中选取某一特征（侧面）加以抽象，从而获得比原结构更广的结构 B，使 A 成为 B 的特例。

(2) 强抽象。即在原结构 A 中增添某一特征，通过抽象获得比原结构更丰富的结构 B，使 B 成为 A 的特例。

(3) 广义抽象。若定义概念 B 时用到了概念 A，就称 B 比 A 抽象。

严格意义上讲，这不是对概念的分类，只是刻画了一些特殊概念的特征。它的教学意义在于，教师进行教学设计时可以重点考虑对这三类概念的教学处理，或作为教学的重点，或作为教学的难点。

2. 陈述性概念与运算性概念

陈述性概念和运算性概念在知识体系中具有重要作用。陈述性概念主要是对事物的描述和界定，以静态的方式呈现信息。例如，“苹果是一种水果”就是一个陈述性概念，它明确了苹果的属性和类别。陈述性概念通常通过记忆和理解来掌握。

而运算性概念则强调对事物的操作和运算。比如数学中的加法、减法等运算概念，它们不仅仅是定义，更涉及具体的计算过程。运算性概念需要通过实践和练习来熟练掌握，以动态的方式处理问题。

在学习过程中，两者相辅相成。陈述性概念为运算性概念提供基础认知，而运算性概念则进一步深化对陈述性概念的理解和应用。只有同时掌握好这两种概念，才能构建起扎实的知识体系，更好地应对各种学习和实际问题。

3. 合取概念、析取概念、关系概念

有学者依据概念由不同属性构造的几种方式（联合属性、单一属性、关系属性），分别对应地把高校数学概念分为合取概念、析取概念、关系概念。所谓联合属性，即几种属性联合在一起来对概念下定义，这样所定义的概念称为合取概念；所谓单一属性，即在许多事物的各种属性中，找出一种（或几种）共同属性来对概念下定义，这样所定义的概念称为析取概念；所谓关系属性，即以事物的相对关系作为对概念下定义的依据，这样所定义的概念称为关系概念。显然，这种划分建立在逻辑学基础之上，以概念本身的结构来进行分类。这种方法同样适合于对其他学科的概念进行分类，因而没有体现数学概念的特殊性。

4. 叙实式数学概念、推理式数学概念、变化式数学概念和借鉴式数学概念

数学概念理解是对高校数学概念内涵和外延的全面性把握。根据不同特点的数学概念所对应的理解过程和方式可将高校数学概念分为叙实式数学概念、推理式数学概念、变化式数学概念和借鉴式数学概念等4种类型。

叙实式数学概念是指那些原始概念、不定义的概念，或者是那些很

难用严格定义确切描述内涵或外延的概念。这类概念包括平面、直线等原始概念，包括算法、法则等不定义概念，还包括数、代数式等外延定义概念等。所谓变化式数学概念，包括以原始概念为基础定义的概念，包括那些借助于一定的字母与符号等，经过严格的逻辑提炼而形成的抽象表述的有直接非数学学科背景的概念，还包括在其他学科有典型应用的概念。

借鉴式数学概念通常是指在数学发展过程中，从其他学科、领域或已有数学概念中获得启发而形成的数学概念。

例如，在物理学中的一些现象和规律启发下，产生了诸如向量、张量等数学概念。这些概念借鉴了物理中的力、位移等概念的性质和特点，经过数学的抽象和推广，成为具有更广泛应用的数学概念。

又比如，从计算机科学中的算法和数据结构中，也可以借鉴一些思想来构建新的数学概念，如离散数学中的图论概念与计算机网络中的拓扑结构有一定的相似性，通过借鉴和进一步发展，图论成为了一个独立而丰富的数学分支。

（三）高校数学概念间的关系

概念间的关系是指某个概念系统中一个概念的外延与另一个概念的外延之间的关系。依据它们的外延集合是否有公共元素来分类，这里约定，任何概念的外延都是集合。

1. 相容关系

如果两个概念的外延集合的交集非空，就称这两个概念间的关系为相容关系，相容关系又可分为下列三种。

（1）同一关系

如果概念 A 和 B 的外延的集合完全重合，则这两个概念 A 和 B 之间的关系是同一关系。具有同一关系的概念在高校数学里是常见的。由此不难看出，具有同一关系的概念是从不同的内涵反映着同一事物。

了解更多的同一概念，可以对反映同一类事物的概念的内涵作多方面的揭示，有利于认识对象，有利于明确概念。具有同一关系的两个概念 A 和 B，可表示为 A＝B，这就是说 A 与 B 可以互相代替，这样就给我们的论证带来了许多方便，若从已知条件推证关于A的问题比较困难，可以改从已知条件推证关于B的相应问题。

(2) 交叉关系

若两个概念A和B的外延仅有部分重合，则这两个概念A和B之间的关系是交叉关系，具有交叉关系的两个概念是常见的。如果我们在教学中抓住交叉关系的概念的特点，提出一些有关的思考题启发学生，就可以避免以上错误认识的形成。

(3) 属种关系

若概念A的外延集合为概念B的外延集合的真子集，则概念A和B之间的关系是属种关系，这时称概念A为种概念，B为属概念；即在属种关系中，外延大的，包含另一概念外延的那个概念叫作属概念；外延小的，包含在另一概念的外延之中的那个概念叫作种概念。具有属种关系的概念表现在数学里也就是具有一般与特殊关系的概念。

属概念所反映的事物的属性必然完全是其种概念的属性。因此，属概念的一切属性就是其所有种概念的共同属性，称为一般属性，各个种概念特有的属性称为特殊属性。一个概念是属概念还是种概念不是绝对的，对于不同的概念来说，它可能是属概念，也可能是种概念。

一个概念的属概念和一个概念的种概念未必是唯一的。在教学中，教师要善于运用这一点帮助学生明确某概念属于哪个范畴以及包含哪些概念，将有关的概念联系起来，系统化，从而提高学生在概念的系统中掌握概念的能力。

2. 不相容关系

如果两个概念是同一概念下的种概念，它们的外延集合的交集是空集，则称这两个概念间的关系是不相容关系。不相容关系又可分为两种。

(1) 矛盾关系

只有学好和运用好概念的矛盾关系，才能加深对某个概念的认识。在教学中，教师要善于运用这一点引导学生注意分析具有矛盾关系的两个概念的内涵，以便使学生在认清某概念的正反两方面的基础上，加深对这个概念的认识。

(2) 对立关系

任何两个概念间的关系或为同一关系，或为属种关系，或为交叉关系，或为全异关系，也就是说任何两个概念必然具有以上四种关系中的一种关系，只有在学科的概念体系中分清各概念之间的区别和联系，才能达到真正明确概念的目的。因而在教学中，教师要善于引导学生在分清概念间的关系的过程中掌握各个概念。

(四) 高校数学概念定义的结构、方式和要求

1. 定义的结构

前面已经指出概念是由它的内涵和外延共同明确的，由于概念的内涵与外延的相互制约性，确定了其中一个方面，另一个方面也就随之确定。概念的定义就是揭示该概念的内涵或外延的逻辑方法。揭示概念内涵的定义叫作内涵定义，揭示概念外延的定义叫作外延定义。

任何定义都是由三部分组成——被定义项、定义项和定义联项。被定义项是需要明确的概念，定义项是用来明确被定义项的概念，定义联项则是用来连接被定义项和定义项的。

2. 定义的方式

(1) 邻近的属加种差定义

在一个概念的属概念当中，内涵最多的属概念称为该概念邻近的属。要确定某个概念，在知道了它邻近的属以后，还必须指出该概念具有这个属概念的其他种概念不具有的属性才行。这种属性称为该概念的种差。

(2) 发生定义

发生定义是邻近的属加种差定义的特殊形式，它是以被定义概念所反映的对象产生或形成的过程作为种差来下定义。

3. 定义的要求

为了使概念的定义正确、合理，应当遵循以下一些基本要求。

(1) 定义要清晰

定义要清晰，即定义项所选用的概念必须完全已经确定。循环定义

不符合这一要求，所谓循环定义是指定义项中直接或间接包含被定义项。此外，定义项中也不能含有应释未释的概念或以后才给出定义的概念。

（2）定义要简明

定义要简明，即定义项的属概念应是被定义项邻近的属概念，且种差是独立的。

（3）定义要适度

定义要适度，即定义项所确定的对象必须纵横协调一致。

同一概念的定义，前后使用时应该一致不能发生矛盾；一个概念的定义也不能与其他概念的定义发生矛盾。要符合这一要求，如果是事先已经获知某概念所反映的对象范围，只是检验该概念定义的正确性时可以用“定义项与被定义项的外延必须全同”来要求。

二、数学命题

数学家对数学研究的结果往往是用命题的方式表示出来。数学中的定义、法则、定律、公式、性质、公理、定理等，都是数学命题，因此数学命题是数学知识的主体。数学命题与概念、推理、证明有着密切的联系，命题是由概念组成的，概念是用命题揭示的。命题是组成推理的要素，而很多数学命题是经过推理获得的命题，是证明的重要依据，而命题的真实性一般都需要经过证明才能确认，因此，数学命题的教学，是高校数学教学的重要组成部分。

（一）判断和语句

判断是对思维有所肯定或否定的思维形式。由于判断是人的主观对客观的一种认识，所以判断有真有假。正确地反映客观事物的判断称为真判断，错误地反映客观事物的判断称为假判断。判断作为一种思维形式、一种思想，其形式和表达离不开语言。因此，判断是以语句的形式出现的，表达判断的语句称为命题。因此，判断和命题的关系是同一对象的内核与外壳之间的关系，有时对二者也不加区分。

(二) 命题特征

判断处处可见，因此命题无处不在。命题就是对所反映的客观事物的状况有所断定，它或者肯定某事物具有某属性，或者否定某事物具有某属性，或者肯定某些事物之间有某种关系，或者否定某些事物之间有某种关系。如果一个语句所表达的思想无法断定，那么它就不是命题，因此，“凡命题必有所断定”可看成是命题的特征之一。

第四节　高校数学教师的专业发展

一、新课程背景下的教师角色转变

基础教育课程改革的浪潮滚滚而来，新课程体系在课程功能、结构、内容、实施、评价和管理等方面都较原来的课程有了重大创新和突破。这场改革给教师带来了严峻的挑战和不可多得的机遇，可以说，新一轮国家基础教育课程改革将使我国的教师角色、行为、工作方式、教学技能以及教学策略等发生历史性的变化。

(一) 教师角色转变

1. 从师生关系看，教师应该是学生学习的促进者

教师即促进者，指教师从过去仅作为知识传授者这一核心角色中解放出来，促进学生整个个性的和谐、健康发展。教师即学生学习的促进者，是教师最明显、最直接、最富时代性的角色特征，是教师角色特征中的核心特征。其内涵主要包括以下两个方面。

(1) 教师是学生学习能力的培养者

强调能力培养的重要性。首先，现代科学知识量多且发展快，教师要在短短的几年学校教育里把所教学科的全部知识传授给学生已不可能。其次，教师作为学生唯一知识源的地位已经动摇。学生获得知识信息的渠道多样化了，教师在传授知识方面的职能也变得复杂化了，不再是只传授现成的教科书上的知识，而是要指导学生懂得如何获取自己所

需要的知识，掌握获取知识的工具以及学会如何根据认识的需要去处理各种信息的方法。总之，教师再也不能把知识传授作为自己的主要任务和目的，把主要精力放在检查学生对知识的掌握程度上，而应成为学生学习的激发者、辅导者、各种能力和积极个性的培养者，把教学的重心放在如何促进学生“学”上，从而真正实现教是为了不教。

（2）教师是学生人生的引路人

一方面要求教师不能仅仅是向学生传播知识，而是要引导学生沿着正确的道路前进，并且不断地在他们成长的道路上设置不同的路标，引导他们不断地向更高的目标前进。另一方面要求教师成为学生健康心理的培养者和健康品德的培养者，引导学生学会自我调适、自我选择。

2. 从教学与研究的关系看，教师应该是教育教学的研究者

在教师的职业生涯中，教师即研究者，意味着教师在教学过程中要以研究者的心态置身于教学情境之中，以研究者的眼光审视和分析教学理论与教学实践中的各种问题，对自身的行为进行反思，对出现的问题进行探究，对积累的经验进行总结，使其形成规律性的认识。这实际上也就是国外多年来所一直倡导的“行动研究”，它是为行动而进行的研究，是为解决教学中的问题而进行的研究；是对行动的研究，这种研究的对象即内容就是行动本身。可以说，“行动研究”把教学与研究有机地融为一体，它是教师由“教书匠”转变为“教育家”的前提条件，是教师持续进步的基础，是提高教学水平的关键，是创造性实施新课程的保证。

3. 从教学与课程的关系看，教师应该是课程的建设者和开发者

新课程倡导民主、开放、科学的课程理念，同时确立了国家课程、地方课程、校本课程三级课程管理政策，这就要求课程必须与教学相互整合，教师必须在课程改革中发挥主体性作用。教师不仅是课程实施的执行者，而且是课程的建设者和开发者。为此，教师要形成强烈的课程意识和参与意识，了解和掌握各个层次的课程知识，包括国家层次、地

方层次、学校层次、课堂层次和学生层次，以及这些层次之间的关系。教师要提高和增强课程建设能力，使国家课程和地方课程在学校、在课堂实施中不断增值、不断丰富、不断完善；教师要锻炼并形成课程开发的能力，新课程越来越需要教师具有开发本土化、乡土化、校本化课程的能力，教师要培养课程评价的能力。

4. 从学校与社区的关系看，新课程要求教师应该是社区型的开放的教师

随着社会发展，学校越来越广泛地同社区发生各种各样的内在联系。一方面，学校的教育资源向社区开放，引导和参与社区的一些社会活动，尤其是教育活动；另一方面，社区也向学校开放自己可供利用的教育资源，参与学校的教育活动。学校教育与社区生活正在走向终身教育要求的“一体化”，学校教育社区化，社区生活教育化。新课程特别强调学校与社区的互动，重视挖掘社区的教育资源。在这种情况下，相应地，教师的角色也要求变革，教师的教育工作不能仅仅局限于学校课堂，教师不仅仅是学校的一员，而且是整个社区的一员，是整个社区教育、科学、文化事业的共建者。因此，教师的角色必须从仅仅是专业型教师、学校教师，拓展为“社区型”教师。教师角色是开放型的，教师要特别注重利用社区资源来丰富学校教育的内容和意义。

(二) 教师行为转变

新课程要求教师提高素质、更新观念、转变角色，必然也要求教师的教学行为产生相应的变化。

1. 在对待师生关系上，新课程强调尊重、赞赏

“为了每一位学生的发展”是新课程的核心理念。为了实现这一理念，教师必须尊重每一位学生的尊严和价值。尤其要尊重以下六种学生。

(1) 尊重智力发育迟缓的学生。

(2) 尊重学业成绩不良的学生。

(3) 尊重被孤立和拒绝的学生。

（4）尊重有过错的学生。

（5）尊重有严重缺点和缺陷的学生。

（6）尊重和自己意见不一致的学生。

教师不仅要尊重每一位学生，还要学会赞赏每一位学生。

（1）赞赏每一位学生的独特性、兴趣、爱好、专长。

（2）赞赏每一位学生所取得的哪怕是极其微小的成绩。

（3）赞赏每一位学生所付出的努力和所表现出来的善意。

（4）赞赏每一位学生对教科书的质疑和对自己的超越。

2. 在对待教学关系上，新课程强调帮助、引导

“教”怎样促进“学”呢？“教”的职责在于：

（1）帮助学生检视和反思自我，明晰自己想要学习什么和获得什么，确立能够达成的目标。

（2）帮助学生寻找、搜集和利用学习资源。

（3）帮助学生设计恰当的学习活动和形成有效的学习方式。

（4）帮助学生发现他们所学内容的个人主义和社会价值。

（5）帮助学生营造和维持学习过程中积极的心理氛围。

（6）帮助学生对学习过程和结果进行评价，并促进评价的内在化。

（7）帮助学生发现自己的潜能。

“教”的本质在于引导，引导的特点是含而不露，指而不明，开而不达，引而不发。引导的内容不仅包括方法和思维，同时也包括价值和做人。引导可以表现为一种启迪：当学生迷路的时候，教师不是轻易告诉方向，而是引导他怎样去辨明方向；引导可以表现为一种激励：当学生登山畏惧的时候，教师能够唤起他内在的精神动力，鼓励他不断向上攀登。

3. 在对待自我上，新课程强调反思

反思是教师以自己的职业活动为思考对象，对自己在职业中所做出的行为以及由此所产生的结果进行审视和分析的过程。教学反思被认为是“教师专业发展和自我成长的核心因素”，新课程非常强调教师的教

学反思，按教学的进程，教学反思分为教学前、教学中、教学后三个阶段。在教学前进行反思，这种反思能使教学成为一种自觉的实践；在教学中进行反思，即及时、自动地在行动过程中反思，这种反思能使教学高质高效地进行；教学后的反思，即有批判地在行动结束后进行反思，这种反思能使教学经验理论化，教学反思会促使教师形成自我反思的意识和自我监控的能力。

4. 在对待与其他教育者的关系上，新课程强调合作

在教育教学过程中，教师除了面对学生外，还要与其他教师产生联系，与学生家长进行沟通与配合。课程的综合化趋势特别需要教师之间的合作，不同年级、不同学科的教师要相互配合、齐心协力地培养学生。每个教师不仅要教好自己的学科，还要主动关心和积极配合其他教师的教学，从而使各学科、各年级的教学有机融合、相互促进。教师之间一定要相互尊重、相互学习、团结互助，这不仅具有教学的意义，而且还具有教育的功能。

（三）教师工作方式的转变

1. 教师之间将更加紧密地合作

新课程的综合化特征需要教师与更多的人、在更大的空间、用更加平等的方式从事工作，教师之间将更加紧密地合作。可以说，新课程增强了教育者之间的互动关系，将引发教师集体行为的变化，并在一定程度上改变教学的组织形式和教师的专业分工。

新课程提倡培养学生的综合能力，而综合能力的培养要靠教师集体智慧的发挥。因此，教师必须学会与他人合作，与不同学科的教师打交道。例如，在研究性学习中学生将打破班级界限，根据课题的需要和兴趣组成研究小组，由于一项课题往往涉及多种学科，需要几位教师同时参与指导，教师之间的合作，教师与实验员、图书馆员之间的配合将直接影响课题研究的质量。在这种教育模式中，教师集体的协调一致，教师之间的团结协作、密切配合显得尤为重要。

2. 要改善自己的知识结构

新课程呼唤综合型教师，这是一个非常值得注意的变化。此次课程改革，在改革现行分科课程的基础上，设置了以分科为主、包含综合课程和综合实践活动的课程。由于课程内容和课题研究涉及多门学科知识，这就要求教师改善自己的知识结构，使自己具有更开阔的教学视野。除了专业知识外，还应当涉猎科学、艺术等领域。另外，无论哪一门学科、哪一本教材，其涵盖的内容都十分丰富，高度体现了学科的交叉与综合。

3. 要学会开发利用课程资源

高校教师要学会开发利用课程资源，可以从以下几方面做起。

(1) 加强网络课程资源的开发

高校数学网络课程资源的开发可以通过创建校园数学网站或个人网站，建立起数学信息资源库。国内数学教育网站有凤凰数学论坛、人教论坛、数学论坛、中国数学会、数学知识、数学世界、数学在线等，这些都是很好的数学教育网站，国外的美国杜克大学跨课程计划、美国国家空间与宇航局的教育网站，以及美国能源部的阿贡国家实验室的牛顿聊天室都是与数学教学有关的网站。在需要的时候，就可以到信息资源库进行点击检索，这不仅节约大量寻找资源的时间，而且同一资源可以为不同人反复使用，提高使用效率。

(2) 注重教师自身课程资源的开发

教师不仅是课程资源的使用者，而且是课程资源的鉴别者和开发者，教师是最为重要的课程资源。教师对课程资源的认识决定了课程资源开发和利用的程度，以及课程资源在新课程中所发挥的作用。因此，在课程资源的建设中，一定要将教师自身的建设放在首位，通过这一课程资源的发展带动其他课程资源的开发利用。

(3) 充分利用学生资源

教育家苏霍姆林斯基曾反复强调：学生是教育的最重要的力量，如果失去了这个力量，教育也就失去了根本。学生是有生命的不同的个体，不同学生生活背景不同、经验不同，就会形成不同的认知结构。在教学中，不同学生之间就可以分享经验，取长补短。因此，学生自身也是重要的课程资源。

（4）有效利用现有课程资源

校内外的课程资源对于新课程的实施都有重要价值。校内课程资源利用方便，符合本校特色，是学校课程资源建设的重点，是学校课程实施质量的主要保证。校外课程资源对于充分实现课程目标具有重要价值，是校内课程资源的重要补充。

（四）教师教学策略的转变

1. 由重知识传授向重学生发展转变

新的课程改革要求教师以人为本，呼唤人的主体精神，因此教学的重点要由重知识传授向重学生发展转变。

学生是一个活生生的有思想、有自主能力的人，学生在教学过程中学习，既可学习掌握知识，又可得到情操的陶冶、智力的开发和能力的培养，同时又可形成良好的个性和健全的人格。从这个意义上说，教学过程既是学生掌握知识的过程，又是一个学生身心发展、潜能开发的过程。

21世纪，市场经济的发展和科技竞争已经给教育提出了新的挑战。教育是为了使人的潜能得到充分的发挥，使人的个性得到自由和谐的发展；教育不再是仅仅为了适应就业的需要，而是贯穿学习者的整个一生。

2. 由重教师“教”向重学生“学”转变

新课程提倡，教是为了学生的学，教学评价标准也应以关注学生的学习状况为主。

3. 由重结果向重过程转变

所谓重过程就是教师在教学中把教学的重点放在过程，放在揭示知识形成的规律上，让学生通过“感知—概括—应用”的思维过程去发现真理，掌握规律。在这个过程中，学生既掌握了知识，又发展了能力，重视过程的教学要求教师在教学设计中揭示知识的发生过程，暴露知识的思维过程，从而使学生在教学过程中思维得到训练，既长知识又增才干。

由此可以看出，过程与结果同样重要，学生的学习往往经历“（具体）感知—（抽象）概括—（实际）应用”这样一个认识过程，而在这个过程中有两次飞跃。第一次飞跃是“感知—概括”，也就是说学生的认识活动要在具体感知的基础上，通过抽象概括，从而得出知识的结论。第二次飞跃是“概括—应用”，这是把掌握的知识结论应用于实际的过程。显然，学生只有在学习过程中真正实现了这两次飞跃，教学目标才能实现。

4. 由单向信息交流向综合信息交流转变

从信息论上说，课堂教学是由师生共同组成的一个信息传递的动态过程。由于教师采用的教学方法不同，存在以下四种主要信息交流方式。

（1）以讲授法为主的单向信息交流方式，教师施，学生受。

（2）以谈话法为主的双向信息交流方式，教师问，学生答。

（3）以讨论法为主的三项信息交流方式，师生之间互相问答。

（4）以探究—研讨为主的综合信息交流方式，师生共同讨论、研究、做实验。

按照最优化的教学过程必定是信息量流通的最佳过程的理论。显而易见，后两种教学方法所形成的信息交流方式最好，尤其是第四种综合交流方式为最佳。这种方法把学生个体的自我反馈、学生群体间的信息交流，与师生间的信息反馈、交流及时普遍地联系起来，形成多层次、多通道、多方位的立体信息交流网络。这种教学方式能使学生通过合作学习互相启发、互相帮助，对不同智力水平、认知结构、思维方式、认知风格的学生实现“互补”，达到共同提高。这种方式还加强了学生之间的横向交流和师生之间的纵向交流，并将二者有机地贯穿起来，组成网络，使信息交流呈纵横交错的立体结构。这是一种最优化的信息传送方式，它确保了学生的思维在学习过程中始终处于积极、活跃、主动的状态，使课堂教学成为一系列学生主体活动的展开与整合过程。

二、高校数学教师专业化

(一) 高校数学教师专业发展概述

教师专业发展就是教师的专业成长或教师内在专业结构不断更新、演进和丰富的过程。教师本位的教师专业发展是针对忽视教师自我的被动专业发展提出的，它强调的是教师专业发展对教师人格完善、自我价值实现的重要性和教师主体在教师专业发展中的重要角色与价值。概言之，它强调的是教师个体内在专业特性的提升。因此，教师专业发展是指教师个体的专业知识、专业技能、专业情意、专业自主、专业价值观、专业发展意识等方面由低到高，逐渐符合教师专业人员标准的过程。

提高教师的专业化水平有五个标准。

第一，提供重要的社会服务。

第二，具有该专业的理论知识。

第三，个体在本领域的实践活动中具有高度的自主权。

第四，进入该领域需要经过组织化和程序化的过程。

第五，对从事该项活动有典型的伦理规范。

教学实践的专业标准是在学校教育的日常环境中被社会认定的，因此，教师的专业特性在很大程度上取决于局部性教师共同体的强度和性质。一个学校、一个地区都可以形成教师共同体，通常学校所设的教研组，就可视为一个教师共同体。而所形成的具有地方性、特色性的标准会直接影响高校数学教师的专业化成长。

教师成为研究者已是国际教育改革的趋势化要求，也是教师专业化的重要内涵。因而，组织数学教师进行数学教育的科学研究是高校数学教师专业化成长的重要途径之一。尽管研究表明，教师教学能力的重要来源是自身的教学经验和反思，但随着教育改革的深入，数学教师“单打独斗”的教学工作或研究工作均已不能适应教育发展的要求，有效地合作才是上述工作得以提高的良好方式。

高校数学教师的专业化也可表述为高校数学教师在整个数学教育教学职业生涯中，通过终身数学教育专业训练，获得数学教育专业的数学知识、数学技能和数学素养，实施专业自主，表现专业道德，并逐步提高自身从教素养。成为一名良好的数学教育教学工作者的专业成长过程，也就是从一个“普通人”变成“数学教师”的专业发展过程。

高校数学教师数学专业化结构包括数学学科知识不断学习积累的过程、数学技能逐渐形成的过程、数学能力不断提高的过程、数学素养不断丰富的过程。高校数学教师在职前教育中要保证学到足够的数学科学知识，要足以满足数学学科教学与研究的需要，足以满足学生的数学知识需求，这就要求高校数学专业课程的设置要全面合理。

高校数学教师教育专业化结构基本内涵：高校数学教师专业劳动不仅是一种创造性活动，而且是一种综合性艺术，因为数学教师需要将数学知识的学术形态转化为数学教育形态。高校数学教师需要学习教育学、心理学、数学教育学、数学教学信息技术、数学教育实习等理论和实践课程，这些课程知识均构成数学教师教育专业化的内涵。

高校数学教师的专业情意结构可以从下述方面理解：心情活泼开朗，为他人所信任并乐意帮助他人，愿意和乐意担任数学教师，热爱数学，热爱并尊重学生，同时为学生所热爱和尊重，激发学生对数学学习的兴趣。数学教学是一个丰富的、复杂的、交互动态的过程，参与者不仅在认知活动中，而且在情感活动、人际活动中实现着自己的多种需要。每一堂数学课的教学，都凝集着数学教师高度的使命感和责任感，都是数学教师专业化发展过程的直接体现。每一堂数学课的教学质量，都会影响到学生、家长、社会对数学教师及数学教师职业的态度。高校数学教师的专业情意在数学教学中对激发学生的学习兴趣、营造数学学习环境、提高教学质量、完善学生人格个性、优化情感品质、提高数学认知等方面均有重要作用。

(二) 高校数学教师专业化的必要性

1. 数学教师专业化是现代高校数学教育发展的需要

教师职业的专业属性当然不像医生、律师等职业那样有那么高的专业化程度，但从教师的社会功能来看，教师职业确实具有其他职业无法代替的作用，从专业现状看，还只能称为一个半专业性职业。随着我国经济的快速发展、国民实力不断增强、社会对教育的需求越来越高，教师的素质、教师的专业化水平程度必然随着提高，教师的人才市场竞争也会越来越激烈，所以只有完全按照教师专业化职业标准，才能保证教师人才适应社会发展需要的质量。

2. 高校数学教师专业化是双专业性的要求

高校数学教育既包括了学科专业性，又包括了教育专业性，是一个双专业人才培养体系，从而高校数学教师教育要求数学学科水平和教育理论学科水平都达到一定要求和高度。随着教育改革的深入，对数学专业知识的要求也越来越高。

3. 高校数学教师专业化是新课程改革的必然结果

新课程改革提出了很多全新的理念。教师的角色需要转变。科研型教师的呼声越来越高，研究性学习被重视。问题解决被列入教学目标，数学建模给教师的专业水平提出了挑战，这些在我国传统的数学教育中都是可以回避的，然而，面对课程改革必须实施。因此，我国的高校数学教育改革能否成功，与数学教师专业化要求紧密相关。

(三) 专业化高校数学教师的培养

1. 抓好高校数学专业培养这个源头

广大一线数学教师大部分由高校数学系培养，数学教师职前培养是数学教师专业化的起点，应当把专业化作为数学教师职前培养改革的核心问题，体现在课程设置与培养目标中。在高校数学教育中，数学肯定是为主的，将专业化的数学教师归纳为数学教育人，并用下列公式表述：数学教育人＋数学人＋教育人＋数学教育综合特征，这一表述为数学教师专业化指明了一种可能的途径。要实施好的数学教育，数学思

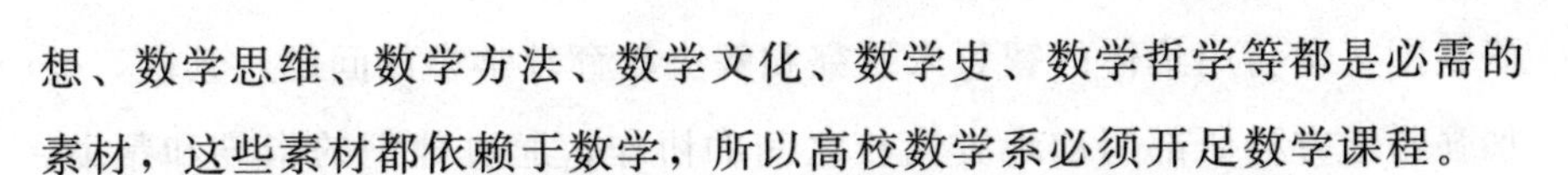

想、数学思维、数学方法、数学文化、数学史、数学哲学等都是必需的素材，这些素材都依赖于数学，所以高校数学系必须开足数学课程。

2. 高校数学教师专业化要特别强调科研意识和科研能力

在竞争日益激烈的知识经济时代，创新已成为一个民族的灵魂。高校教师应不断提高自身的科研素质，努力把自己培养成科研型和创新型教师。硬件建设对科研的重要作用已成共识。

（1）加强理论学习是基础

知识经济和信息技术的发展使人类进入到一个学习型、研究型的社会，客观上要求教育的主题发生根本的改变，而高校教师要进一步增强教育研究素养，不断提高自身的教育教学能力和研究水平，则必须加强学习教育科研基本理论和最新的教育理论。教育科研基本理论对教师的教育科研具有普遍指导意义，主要包括教育学、心理学、教育心理学、教育统计学以及教育科学研究的方法论和方法学等。同时，要力求把目光由三尺讲台迁移到国内外教育改革的大舞台，积极搜集国内外教育教学理论及教育改革的信息与资料，并进行认真的学习和消化。把这些理论及信息转化成自己的东西，并适时地付诸教育教学实践，进行研究探索，为高校教师科研素养与能力创新提供现实基础。

（2）增强教育科研意识、不断进行教研尝试是保障

高校教师要提高科研素养，除了刻苦学习、勤于思考之外，还必须认真钻研、勤于实践。要从课堂教学、学生学习、实践教学、校园文化活动等教育教学环节，以及当今教育改革的重点、难点、热点中发现值得研究的问题，找到解决问题的办法。高校教师要打破教育科研的神秘感，善于从日常教育教学的各个环节入手，大胆地在教学中进行改革试验和研究。正是在这种不断研究与实践的过程中，高校教师的科研意识和科研能力才能得以建构起来。

（3）加强教育科研相互合作、全面提高整体素质是关键

在科研问题上，高校教师还应加强教育科研的相互合作。首先，要加强同事之间的合作，营造出一个互相激励、互相支持和互相帮助的科

研氛围，学会用集体的智慧来研究和解决教育教学中的问题。其次，要加强与地方科研部门和地方高校之间的协作，通过他们的指导和帮助，进一步明确自己的教研方向，丰富自己的理论知识，提高自己的研究能力。最后，要加强教与学的合作。高校教师对学生的全面发展负有重要责任，因而在提高自身科研素质时还应着眼于学生整体素质的综合提高。通过教与学的合作，使自己的一言一行产生积极的影响，在思想素质、道德素质、业务素质、心理素质等方面努力成为学生的榜样，获得良好的教书育人效果，这既能达到教学相长，也能为科研积累广泛的素材，最终为高校教师科研能力的发展和创新提供有益的帮助。

(四) 高校数学教师专业发展

教师专业发展可分为五个阶段：以刚入职的新教师为起点，成为适应型教师为第一阶段，由适应型教师发展为知识型、经验型和混合型教师为第二阶段，由知识型、经验型和混合型教师发展为准学者型教师为第三阶段，由准学者型教师发展为学者型教师为第四阶段，由学者型教师发展为智慧型教师为第五阶段。这五个阶段对应教师不同的成长时期，有着不同的发展基础和条件，有着不同的发展目标和要求，也面临着不同的困难和障碍，从而表现出不同阶段的发展特征。

1. 适应与过渡时期

适应与过渡时期是数学教师职业生涯的起步阶段。这一时期的教师，一方面由于对学校组织结构和制度文化还不太熟悉，不太懂得怎么教学、怎么评价学生，如何与家长沟通并取得家长的支持配合等；另一方面，他们又面临着被管理层、同事、家长和学生评价的压力，面临着同事之间各种形式的竞争，面临着身份转换之后所产生的心理上的不适应和职业的陌生感。这一时期，是教师专业发展较为困难的时期。这一时期是教师的理论与实践相结合的初级阶段，教师要尽快适应学校的教育教学工作要求。为此，教师要积极应对角色的转换，积极认同学校的制度和文化，要加快专业技能的发展。

2. 分化与定型时期

分化与定型时期以适应型教师为起点。适应型教师尽管摆脱了初期的困窘状态，但又面临着更高的专业发展要求，人们对他们的评价标准和要求将随着其教龄的增长而提高，他们与其他教师之间的竞争开始处于同一起跑线上。人们重点关注的是他们的工作方法和实际业绩。那种初为人师的激情和甜蜜开始分化，有的会慢慢地趋于平淡，由原先的困惑和苦恼进入初步成长的喜悦和收获期后，教师对职业的“悦纳感”进一步加强，对专业发展的态度更加端正、稳定和执着，专业发展的动力结构既有外界的任务压力，更有自觉追求和发展的内驱力；教学经验日益丰富，教学技能迅速提高，专业发展进入第一次快速提升期，并出现了定型化发展的趋势。教师磨炼自己的教学技能，积累成功的教学经验，全面发展自己的专业能力，努力成长为一个具有相当水平和能力的经验型教师，经验的丰富化和个性化、技能的全面化和熟练化，成为其明显的特征。

3. 突破与退守时期

这一时期以经验型、知识型和混合型教师为起点，进入一个相对稳定的发展阶段。这时，教师对职业的新鲜感和好奇心开始减弱，职业敏感度和情感投入度在降低，工作的外部压力有所缓和，职业安全感有所增加，开始习惯于运用自己的经验和技术来应对日常教育教学工作所遇到的问题。这一阶段因素导致教师专业发展进入了一个漫长的以量变为特征的高原期，突破高原期是这一阶段教师的共同任务和普遍追求，要突破高原期，既要解决知识与技能、过程与方法的问题，也要解决情感意志、价值观的问题。为此，要客观冷静、科学理性地认识和对待高原现象，不急不躁，练好内功，进一步增强教师专业发展的自主意识。

4. 成熟与维持时期

成熟时期的教师表现出明显的稳定性特征，同时也因其资深的工作经历、较高的教学水平和较为扎实的理论功底，使这些教师成为当地教育教学领域的领军人物。通过建立学习型组织，培养学习型教师，要引导教师学会系统思维，学会自我超越，教师要有与时俱进、开拓创新的精神，永不满足、勇攀高峰的态度，要以科学研究项目为载体，加强原始创新、集成创新和引进消化创新，或者创建一套在实践中切实有效的操作体系，或者在理论的某一方面建言立论，开宗立派，构建起自己的教育理论体系，成为某一领域的学术权威，从而完成从学习到整合、从整合到创造性应用、从应用到首创的这一质变过程，进而发展成为学者型教师。

5. 创造与智慧时期

学者型教师继续向上努力，就要以智慧型教师为专业发展的方向。这时教师的哲学素养高低、视野的远近就成为制约其发展的重要因素。教师个人的教育理论发展能否找到一个更加合理的逻辑起点，建立在一个更高的思想层面上，同时能否从单一的实践经验和教育理论学科角度转移到系统科学研究上，能否成为智慧型教师，建立自己的教育哲学体系和教育信仰，就成为一个关键因素。其理想的结果就是既有自己原创性的理论体系，又建构起相对应的实践操作体系，二者水乳交融，使之成为真正的教育家。其核心标志是具有普遍意义的教育哲学体系的创造和教育理论体系的集成。教育智慧是良好教育的一种内在品质，表现为教育的一种自由、和谐、开放和创造的状态，表现为真正意义上尊重生命、关注个性、崇尚智慧、追求人生丰富的教育境界，是教育科学与艺术高度融合的产物，是教师在探求教育教学规律基础上长期实践、感悟、反思的结果，也是教师教育理论、知识素养、情感与价值观、教育机智、教学风格等多方面素质高度个性化的综合体现。教育智慧在教育教学实践中主要表现为教师对于教育教学工作规律性的把握，创造性驾驭和深刻洞悉、敏锐反应及灵活机智应对的综合能力；站在教育哲学的高度，用理性的眼光和宏观的视野实现现实教育发展的需求和人类发展的目标，把握时代发展的趋势和教育发展的规律，实现教育思想的创新，创造性地构建起一个集人类教育智慧之大成的教育思想体系，促进人类自身更加完善，自由全面发展和社会的和谐优化，引导人类走向更

加灿烂的明天。

（五）影响高校数学教师专业发展的因素

教师专业发展受着多种因素相互作用的影响，在不同的发展阶段，影响教师专业发展的因素各不相同。

1. 进入师范教育前的影响因素

教师幼年与学生时代的生活经历、主观经验以及人格特质等，对教师专业社会化有一定影响，但没有决定性的作用。而教师幼年与学生时代的重要他人（主要指父母和教师）对其教师职业理想的形成及教师职业的选择却有着重要的影响。青年的价值取向、教师社会地位与待遇的高低、个人的家庭经济状况等对教师任教意愿的形成、教师职业选择的影响也不容低估。

2. 师范教育阶段的影响因素

在师范教育阶段，教师专业发展同样受到多种因素错综复杂的影响，虽然师范生专业知识与教育技能的获得有赖于专业科目、教育科目等职前教育计划安排的正式课程的学习，但这些正式课程，对教师专业发展的整体运行与目标达成并无显著影响。相反，由教师的形象、学生的角色、知识专业化的发展以及教学环境、班级气氛、同辈团体、社团生活等多种因素交互作用形成的潜在课程的影响，要超过一般的预估或想象，其作用不容忽视。在师范院校期间，师范生的社会背景、人格特质，学校的教育设施、环境条件等都是影响师范生专业发展的主要因素。

3. 任教后的影响因素

教师任教后继续社会化的影响因素主要有学校环境、教师的社会地位、教师的生活环境、学生、教师的同辈团体等。在这一阶段，教师的生活环境更多地影响着教师的专业发展。教师的生活环境、时代背景、社会背景，小至社区环境、学校文化、课堂气氛等，对教师的专业发展有重要意义。教师正是在与周围环境的相互作用中获得专业发展的。

教师专业发展受到教师个人的、社会的、学校的以及文化的等多个层面的多种因素的交互影响，而每一个因素在其专业发展的不同阶段又有不同的作用和效果，同时这些因素本身也在不断地发生变化使其凸显多因性、多样性、多变性等特征。

三、高校数学教师专业发展的途径

信息化和学习型社会的到来，要求每一个人都要形成终身学习的观念，尤其是教师。教师职业和工作的性质决定了学习应成为教师的一种生活方式，应成为教师的一种生命状态。高校数学教师可以通过教学反思和课程评价研究来促进自己的专业发展。

（一）教学反思

教学反思是指高校数学教师将自己的教育教学活动作为认知的对象，对教育教学行为和过程进行批判的、有意识地去分析与再认识，从而实现自身专业发展的过程，促进教师专业发展的达成。

反思是高校数学教师获取实践性知识、增强教育能力、生成教育智慧的有效途径，反思不仅是对已经发生的事件或活动的简单回顾和再思考，而且是一个用新的理论重新认识自己的过程，是一个用社会的、他人的认识与自己的认识和行为作比较的过程，是一个不断寻求他人对自己认识、评价的过程，是一个站在他人的角度反过来认识分析自己的过程，是一个在解构之后又重构的过程，是一个在重构的基础上进行更高水平的行动的过程。

依据工作的对象、性质和特点，高校数学教师的反思主要包括八个方面：一是课堂教学反思；二是专业水平反思；三是教育观念反思；四是学生发展反思；五是教育现象反思；六是人际关系反思；七是自我意识反思；八是个人成长反思。

每一种反思类型还可以再细分。例如，课堂教学反思还可以分为课堂教学技能与技术的有效性反思；教学策略与教学结果的反思、与教学有关的道德的规范性标准的反思等。如果按照课堂教学的时间进程，它还可以细分为课前反思、课中反思和课后反思等，高校数学教师应该让反思成为一种习惯。

1．反思环节

高校数学教师通过在专业活动中特别是在对自己的教学进行全面反思中，实现自己的专业发展。教学反思是一个循环过程，主要包括以下几个环节。

（1）理论学习

只有在适当的理论支持下的教学反思，才能真正促进高校数学教师的专业发展。在进行教学反思之前，必须进行有关理论的学习，如教学反思的有关理论、教师专业发展的有关理论。关于这些理论的学习其实不仅仅在进行教学反思之前，在教学反思的整个过程中，都要进行相关理论的学习。

（2）对教学情境进行反思

反思要贯穿在整个教学过程中。高校数学教师对自己的教学活动进行反思，要从教学活动的成功之处、课堂上突然出现的灵感等去反思，也应当更多地去反思课堂上、教学活动中所发生的不当、失误之处，反思自己教学活动的效果、采用的新方法会有什么不同的效果等。同时，还要在反思结束后，反思自己在这个过程中得到了什么、内在专业结构发生了哪些变化等。

（3）自我澄清

高校数学教师通过对教学活动的反思，特别是对教学活动中的一些失误或效果不理想的地方的反思，应能意识到一些关键问题之所在，并尝试找出产生这些问题的原因。这个过程可以在专家、同伴教师的帮助下完成。自我澄清这个环节是“以教学反思促进教师专业发展”的核心环节。

（4）改进和创新

教师根据产生的问题及产生这些问题的原因，尝试提出新的方法、方案。这个环节是对原来方法的改进和创新，通过改进和创新，教师的教学活动更趋科学、合理。

(5) 新的尝试

高校数学教师把新的方法用于教学活动这是一个新的行动，实际上也是一个新的循环的开始。新的尝试又需要学习新的理论，通过多次循环，最终实现高校数学教师的专业发展。

2. 反思方法

反思活动既可以独立地进行，也可以借助他人帮助更加自觉地进行。反思是以自身行为为考察对象的过程，需要借助一定的中介客体来实现，高校数学教师常用的反思方法有以下几种。

(1) 反思日志

反思日志是高校数学教师将自己的课堂实践的某些方面，连同自己的体会和感受诉诸笔端，从而实现自我监控的最直接、最简易的方式。写反思日志可以使高校数学教师较为系统地回顾和分析自己的教育教学观念和行为，发现其中存在的问题，可以提出对相关问题的研究方案，并为更新观念、改进教育教学实践指明努力的方向。

反思日志的内容可以涉及有关实践主体（教师）方面的内容，有关实践客体（学生）方面的内容，或有关教学方法方面的内容。例如，对象分析，学生预备材料的掌握情况和对新学习内容的掌握情况；教材分析，应删减、调换、补充哪些内容；总体评价，包括教学特色、教学效果、教学困惑与改进方案。

反思日志没有严格的时间限制，可以每节课后写一篇教学反思笔记，每周写一篇教学随笔，每月提供一个典型案例或一次公开课，每学期做一个课例或写一篇经验总结，每年提供一篇有一定质量的论文或研究报告，每五年写一份个人成长报告。反思日志的形式不拘一格，常见形式主要有以下几种：①点评式，即在教案各个栏目相对应的地方，针对实施教学的实际情况，言简意赅地加以批注、评述。②提纲式，比较全面地评价教育教学实践中的成败得失，经过分析与综合，一一列出。③专项式，抓住教育教学过程存在的最突出的问题，进行实事求是的分析与总结，深入地认识与反思。④随笔式，把教育教学实践中最典型、

最需要探讨的事件集中起来，对它们进行较为深入的剖析、研究、整理和提炼写出自己的认识、感想和体会，形成完整的篇章。

（2）课堂教学现场录像、录音

仅仅对教学进行观察很难捕捉到课堂教学的每一个细节，这是由于课堂是一个复杂的环境，具有多层性、同时性、不可预测性等，许多事件会同时发生。对教师的课堂教学进行实录，不仅可以为高校数学教师提供更加真实详细的教学活动记录，捕捉教学过程的每一细节，而且教师还可以作为观摩者审视自己的教学，帮助教师认识真实的自我或者隐性的自我，有助于提高教学技能，改善教学行为。

课堂录音也比较简捷、实用，在课堂教学中，高校数学教师可以通过课堂录音来分析自己或者学生的有关语言现象，也可以对自己教学的某一方面进行细致的研究，教师通过对所收集数据系统的、客观的、理性的反思，分析行为或现象的形成原因，探索合理的对应策略，从而使自己的教学更加有效。

（3）听取学生的意见

听取学生的意见，从学生的视角来看待自己，可以促使高校数学教师更好地认识和分析自己的教学。当教师在教学中不断听取学生意见的时候，可以使其对自己的教学有新的认识。征求学生的意见，遇到的最大障碍莫过于学生不愿说出自己的想法，解决这一问题一方面可以采取匿名的方式征求意见；另一方面，还需要高校数学教师努力创造一种平等的、相互尊重和信任的师生关系和课堂氛围，从而使学生产生安全感。听取学生的意见，还可以采取课堂调查表的方法。课堂调查表可以帮助教师较为准确地了解学生学习感受的有关信息，从而使教师的教育教学行为建立在对这些信息进行反思的基础上。

（4）与同事的协作和交流

同事作为教师反思自身教学的一面镜子，可以反映出日常教学的影像，例如，开放自己的课堂，邀请其他教师听课、评课、听自己说课，或者听其他教师的课。

说课是高校数学教师在备完课或者讲完课之后对自己处理教材内容的方式与理由做出说明，讲出自己解决问题的策略的活动。而这种策略的说明，也正是教师对自己处理教材方式方法的反思。

课后，和专家、同事一起评课，特别是边看自己的教学录像边评课，则更能看出自己在教学中的优缺点。

（二）高校数学课程的评价

1. 强化课堂表现评价

传统的课堂表现评价主要是教师在课堂上结合数学专业知识提出相应的问题，为学生提供展示的舞台，由学生进行解答。这对教师掌控课堂的能力有较高的要求。但是课堂教学时间有限，只有少数学生能参与进来。因此，课程评价模式改革的过程中，需要强化课堂表现评价，充分发挥问题对学生学习的引导和指导作用，发挥学生的主观能动性，转变以往学生被动学习的状态，促使学生积极主动地探究、合作。教师可以将学生分成小组，在课堂提问、课后作业测评等环节采用小组合作的形式，以此促进学生理解和掌握高校数学知识，使每个学生都能参与课堂教学活动，提升教学效果。

2. 优化检测评价

高校需要改进对学生的检测评价方式，适当引入小节和章节检测。如在每一小节课堂教学完成之后，开展小节检测，检测学生对该小节的知识内容和方法的掌握情况，了解学生的实际学习效果，对学生进行有效评价，同时帮助教师了解学生在学习过程中存在的问题，以便制定具有针对性的教学措施，对学生的能力进行有效的培养，保证高校数学课堂教学效果。另外，高校可引入章节检测，主要在高校数学每一章节的学习结束之后进行，对本章节的知识内容进行全面检测，了解学生的学习情况，主要对学生的知识应用能力进行考查，结合完成质量进行合理的评价。

3. 综合评价

高校在对数学课程的评价模式进行改革的过程中，不仅要注重学生的各项考试成绩，还要进行综合评价。如高校通常会组织开展各种类型的数学竞赛，可以将获奖情况纳入学习实践评价，促使学生将所学知识应用到实践操作中，真正做到学以致用。此外，如果学生完成了具有一定价值的实践报告，教师应进行相应的奖励，在综合评价中有所体现。高校开展数学课程的综合评价，能够鼓励更多的学生主动参与数学的学习和应用，对学生的人际交往、团队合作、学习习惯、学习素养等各个方面进行培养，促进学生的全面发展。

第二章　高校数学教学模式的构建

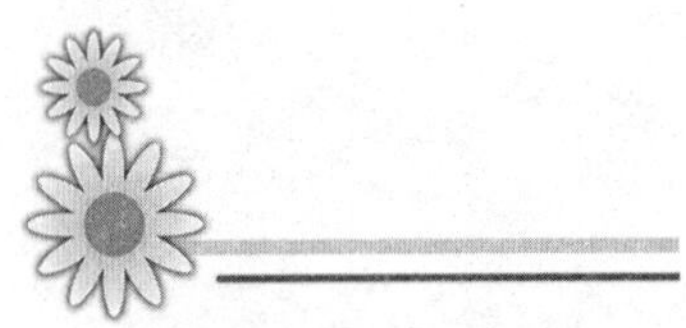

高校数学教学理论的模式化研究其目的在于对传统教学方式的改造和对新的教学方式的寻求。模式化的研究方法近年来已成为一种相对比较成熟的研究方法，因而教学模式的建构也逐步成了相对稳定的规范和基本要求。此处将主要探讨高校数学教学模式的基本要素、构建方法与步骤以及分类。

第一节　高校数学教学模式构成的基本要素

模式一般具有一个相对稳定的结构，由一些基本要素构成。高校数学教学模式的结构是指发生在数学教学过程中构成教学的诸要素以及相互关系。这些要素在形成高校数学教学模式中具有不可或缺、不可替代性。一个成熟的高校数学教学模式应至少包括以下五个基本要素。

一、理论基础

理论基础是构成高校数学教学模式诸要素的核心和灵魂。理论基础决定着教学模式的方向和独特性，它渗透在教学模式中的其他各因素中，并制约着它们之间的关系，是其他诸因素赖以建立的依据和基础。每一个模式都有一个内在的理论基础。也就是说，它们的创造者向人们提供了一个说明为什么期望它们实现预期目标的原则。高校数学教学模式的建构如果没有先进的高校数学教学理论指导，就只能永远在低层次徘徊。影响和制约数学教学模式的理论基础主要有以下几个方面。

（一）数学观

对数学的认识，从深层次上影响和制约着教师的数学教学，并进而从某种程度上影响着学生学习数学的态度，以及形成正确的数学观和数学学习的价值观。由于每一位数学教师在教学实践过程中，都不知不觉地受到一种观念特别是数学观的支配，这种观念在教学过程中起了潜移默化的作用，直接影响到教学行为和学生的学习。事实上，无论人们的意愿如何，所有的数学教学方法、教学模式都与某一数学哲学观有关。

现代教学哲学对数学存在着不同的认识。逻辑主义、形式主义、结构主义等数学哲学观对数学教学模式的影响是直接的、根本的。作为人类社会的重要文化活动，数学活动当然有着目的性指向，反映在教学模式上就形成了以注重思想方法、形式陶冶为主的教学模式和以问题解决、实际应用为主的教学模式之别。

（二）数学学习理论

现代教育学心理学的最新成果推动了数学教学理论的发展，并指导数学教学改革实践。例如，程序教学模式的理论基础是行为主义心理学，数学目标导控教学模式是布鲁姆的掌握学习理论。许多不同教学模式的理论基础其主题是一致的，布鲁姆的概念获得教学模式、加涅的累积性教学模式、奥苏伯尔的先行组织者教学模式等，其理论基础都是现代认知心理学理论。

建构主义学习理论强调学生学习活动过程中的自主参与，要求学生由外部刺激的被动接受者和知识的灌输对象转变为信息加工的主体、知识意义的主动建构者，这对教学过程中教与学的双方提供了一种明确的新思路，同时也对建立新型的教学模式提供了一个新的参照系。建构主义的教学理念下，要求教师采用全新的教学方法和全新的教学设计思想，因而必然要对传统的教学理论、教学观念提出挑战，从而形成新一代学习理论——建构主义学习理论的同时，也逐步形成了与建构主义学习理论相适应的新一代教学模式、教学方法和教学设计思想。

此外，近年来关于数学概念学习、数学命题学习理论的系统研究，数学思维、问题解决以及数学课程改革的理论与实践，为数学教学模式的实践与研究提供了直接的理论基础。

(三) 数学教学理论

现代教学理论对教学过程的“双主体性”确认，认为在数学教学过程中，师生双方是互为主体、互相依存、互相配合的关系，是使师生的生命活力在课堂上得到充分发挥，具有生成新的因素的能力，具有自身的、由师生共同创造的活力。对数学教学目标、本质、规律、价值、功能等一系列的研究，为数学教学模式的改革与创新奠定了基础。

二、教学目标

数学课堂教学目标是对课堂教学中学生所发生变化的一种预设，是完成数学课堂教学任务的指南，是形成教学模式的核心因素，是进行数学课堂教学系统设计的一个重要组成部分。每一种教学模式都是为了完成某种特定的教学任务而设计、创立的。教学目标是教师对教学活动在学生身上所能产生效果的一种预期估计，是进行数学课堂教学设计、进行数学课堂教学活动的出发点和归宿。教学目标的确立在于能使教学活动具有明确的方向，克服教学活动中的不足，它制约了教学程序、实施条件等因素的作用，也是教学评价的尺度和标准。

一种先进的教学模式其目标的制定应是科学合理的、具体的、可测量的、便于操作的，教学目标应包括基础知识、基本技能、能力发展、情感态度、价值观等诸方面。教学目标应具有层次性和渐进性，具有从识记、理解、应用到综合，从低级水平到高级水平的渐进过程，反映由知识、技能转化为能力，并内化为素质的要求和过程。教学目标的确立与实施不能从“应试”的目的出发，只顾解题技巧以及知识点的“熟练”掌握，而忽视学生的数学观念、数学思想、数学意识、数学能力等素质的培养。教学目标既要考虑到学生智力因素的培养，又要考虑到学生非智力因素的培养，形成良好的思维品质和个性品质。

三、操作程序

成熟的教学模式都有一套相对稳定的操作程序，这是形成教学模式的本质特征之一。操作程序详细说明教学活动的每一个逻辑步骤，以及该步骤所要完成的任务。一般情况下，教学模式明确指出教师应先做什么，后做什么，学生分别干什么。由于教学过程中教学内容的展开顺序，既要考虑到知识体系的完整性，又要照顾到学生的年龄特征，还有基本教学方法的交替运用顺序，因此，操作程序是基本稳定的。

操作程序的设置应遵循学生的认知规律和认知基础。首先，要遵循从具体到抽象，从感性到理性的认知规律。教学设计中必须为学生提供丰富的感性材料，利用鲜明生动的事例、图片、图形，有条件的可以借助多媒体进行辅助教学，在感性材料的基础上引导学生进行比较、分析、综合、归纳、演绎、抽象、概括。其次，要遵循从理解到运用的认知规律，将有序的训练引入课堂教学。设计由易到难，由简到繁，由基础到综合的训练程序，既可以适合不同水平的学生，又能激发学生的思维，发展学生的思维能力。

四、实施条件

任何一种教学模式都不是万能的，有的只能适合于某一类课型，有的适用于几种不同的课型。数学概念课、命题课、习题课、复习课等不同的课型所适用的教学模式是不尽相同的。即使是同一种教学模式，在具体实施过程中，在教学策略上也必然存在较大的差别。

教学模式的实施还与师生之间的配合有关。教学模式的实施条件一般包括教师、学生、教学内容、教学设备、教学时空的组合等因素。教学活动中，教师的教学水平、教学风格、学生的能力水平以及师生关系，是实施某一教学模式达到最佳教学效果的一个重要因素。教学模式的选用，应适当变更、调整，发挥自己的特长，为己所用。

五、教学评价

评价是一种有关价值的判断，它是一种主体性活动，随着主体的不同而有所不同。对数学教学评价的目的是促进学生的发展，所以数学教学评价必然是以学生的学习、发展为尺度。根据新课程标准的要求，要从知识与技能、过程与方法、情感、态度、价值观等多维视角来全面评价学生的发展，进而来评价数学教学。

第二节　高校数学教学模式的研究方略

在长期的教学活动中，教学理论研究和教学实践探索的深入，不断创造出新的教学模式，这种研究与探索是无止境的。随着教学理论与教学实践活动的发展，当用以组织和实施具体教学过程的相对系统、实践策略、基本方式和方法基本稳定时，一种新的教学模式就会形成。这种来自教学理论与教学实践的有机结合的产物，反过来会进一步指导和促进教学的发展。与此同时，教学模式自身又不断得以丰富与完善。

课堂教学模式构建途径多种多样，许多教师是在自觉与不自觉中进行着教学模式建构的“行动研究”实践。从实际教学情境出发，进行研究、诊断、分析，对教学提出改进措施，是一项以实践为逻辑起点，并以改进高校数学教学实践为归宿的研究活动。这不能仅仅是满足于现实问题的解决在经验层面上的总结，更须对已有成功经验进行探讨和理性思考，在实践的基础上，在一定范围内作出自己的理论贡献。高校数学教学过程是一个复杂、多变的动态过程，每一位数学教师要经常反思行动过程中的问题，通过行动研究，依据行动的实际情况，随时调整计划，改进教学方法，使日常的数学教学活动不仅成为教与学的工作过程，而且成为一个教师反思教学、进行教学研究的过程，使研究过程成为一个理智的工作过程，达到研究和行动的完美结合，使研究能有效地

改进教学行动。

高校数学教学整体水准不断提升，迫切需要专家型、研究型的教师。每一位数学教师都应有参与教学科学研究的意识和义务，教师既是数学教学人员又是教育研究者，教学与研究的一体化成为未来教学研究的主要趋势，因而每一位数学教师都要发挥主动性和创造性，重视对自己教学实践进行不断的反思与重构，其中一项重要的内容就是要加强对教学模式的建构研究。

如何建构教学模式，并没有固定不变的程式，但无论是采取哪一种类型得到的教学模式，都必须经过课堂教学实践的检验。现代科学方法论中，建模是一种重要的研究方法。科学研究有定性研究和定量研究两种主要方法。从模式论看，则有定性建模和定量建模两种建模方式，教学建模主要采用定性建模的方法。总体上从方法论角度来看，主要有以下几种方法。

一、总结归纳法

高校数学教学模式的一个重要来源是教师对教学经验的反思，教学实践是数学教学模式创生的源泉。优秀教师成长的一个重要途径是“经验＋反思”。新型的教师被认为是数学教育的实践者和研究者。数学教学实践中，教师通过自己的教学实践发现教学中存在的问题，如学生对学习数学兴趣不浓甚至有厌学情绪，或缺乏自主性、灵活性，进而进行有针对性的教改实验，从大量的教学实践中总结规律，再通过归纳法的筛选，上升到理论，形成“实践理论”归纳型教学模式。即从教学实践出发，对实际经验或研究成果进行加工、提炼，升华为教学模式，然后在教学实践中不断循环往复，解决教学实践中所存在的问题。其过程一般是：经验—理论—实践—完善—推广。用归纳法研究教学模式主要是经验概括或行动研究。即在大量的教学实践基础上，从优秀的数学教师的教学经验中总结出优点，并概括出共性，使之规范化、系统化、程序化，形成教学模式；或者采用行动研究法，“处方式”地分别研究教学模式的要素，然后综合、归纳出教学模式。故用归纳法研究教学模式的起点是教学经验，模式形成的过程是筛选、概括经验。

二、理论推演法

从实践上升到理论，其目的是更好地指导实践，因而教学理论的一个重要作用就是有效地指导并改进教学行为。而教学理论对教学实践的指导往往通过教学模式这一“中介”来实现。有些教学模式并不是直接从教师的经验上升到理论，而是从现代数学教学理论、数学方法论、数学哲学等理论科学，模仿演绎应用到教学实践中，形成“理论实践”演绎型教学模式。近几年来数学教学理论、教育心理学、教学哲学以及其他相关学科的研究成果为建构新的教学模式，改革传统教学模式提供支持，利用新的理论提出假设加以设计、演绎，并运用到教学实践中，拓展、深化了教学模式的研究。系统论、信息论、控制论等科学方法的介入也使教学模式的构建更为科学和严密。这在客观上反映出教师加强自身学习、跟上教学理论发展步伐的必要性和迫切性。

用演绎法研究教学模式主要是先从理论出发提出设想，设计出模式，再验证设想，即从一定的教学思想或理论假设出发，根据教学要求和学生实际，设计出相应的教学运行模式，再付诸实践，经过实验、验证、发展和完善，最后形成可供借鉴、推广的教学模式。其过程可表述为：设计试验—修改—试验—完善—推广。验证过程中，主要是将设想转化为教学活动的指南，具体提出基本的操作策略和程序，从而实现预定的教学目标。从某种理论出发设计教学模式并用之于教学实践中，这带有一定的实验性质，对教学模式的丰富可以起到积极的促进作用。从先进的教学理论出发提出正确的设想是使用演绎法得到教学模式的关键，验证设想是模式形成和完善的重要保障。

就教学模式的形成而言，起源于实践经验的总结、归纳。后来由于教学理论的迅猛发展，从这些理论出发，通过演绎形成许多教学模式，如布鲁纳的发现教学模式、布鲁姆的掌握学习模式、弗赖登塔尔的再创

造教学模式等。乔伊斯等人在系统地研究教学模式时，概括出20余种常用模式，其中既有归纳，也有演绎。演绎和归纳在今后的模式研究中会长期并存，它预示了教学模式研究方法的发展趋势。这是因为随着现代科学技术的飞速发展，一方面，科学成果越来越多，科学理论更加成熟，这使得模式的研究者可以直接利用这些成果和理论，提出可靠的设想；另一方面，系统科学以及计算机、网络技术的广泛运用，人们借助系统科学的思想以及先进的理论，运用演绎研究的方法研究模式，可以拓宽研究的视野，提升研究层次。

三、综合法

综合运用归纳法和理论推演法构建教学模式正成为主流走向。

在实践中，案例研究常常成为教学模式研究的必要前提和基础。教学案例就是一个教育故事，它能真实地反映教育实践中的疑难问题以及解决问题的策略和方法。教学案例研究是通过对教学中的具体问题、行为的再现和描述，对教学过程进行剖析，来诊治教学中的实际问题。通过教学案例研究和学习，教师可以从教学行为中积累反思素材，自我反省，分享他人成长的经验，系统地改革课堂教学行为。教学案例研究是教学研究中进行实证分析的重要方法。教学案例已成为教师专业成长的阶梯。

近几年来，教学案例研究在我国教育界备受关注。教学案例具有真实性、典型性、时代性等特征，受到广大教学工作者钟爱。特别是在推进新课程标准、开展新教改的过程中显现出强大的威力。

（一）沟通教育理论与实践的桥梁

教学理论研究关注的是教学领域的一般规律，教学实践活动则是具体的、情境的、不确定的和不可预测的。教学案例是教学情境中问题的提出与解决，探讨实际案例中所描述的问题，能够具体真实地反映教学现实。案例研究过程中，研究者通过对课堂教学行为进行观察、分析、诊断、多维度解读，将具体的教学行为与理论实际联系起来思考，为教师提供了对不可预测的教学事件的具体“样板”，为教学行为赋予崭新的理念，具体到可让他人模仿、借鉴、学习，不仅可以加深对教育理论的理解，又能指导教学实践，提升教师教育实践智慧。因而，成为沟通教育理论与实践的桥梁。

(二) 提高教师的实践反思能力

教学案例研究使教师经常处于一种反思状态，使反思成为常规工作，探索教改途径，总结得失，而且具有不可替代性和现场感，提高教师对课堂教学的领悟能力。有意识和经常性的案例写作，将有效提升教师观察、发现和解决教育问题的专业水准。

(三) 分享优秀教学经验

教学案例的内容贴近教学实际，材料来源丰富，写作形式灵活，易于传播、交流和研讨，是交流与借鉴的渠道。教学案例研究有助于教师互相交流研讨、加强沟通。教师工作主要是一种个体化的劳动过程，案例把个体经验变成了可以共享的财富。把教学案例研究作为校本教研活动的有效载体，在教师之间进行案例分析和讨论，可以使教师认识到自己工作的复杂性、教育问题的多样性和歧义性，从而提炼出教师内在缄默的知识、价值与态度，促进教师相互之间的启发、交流和借鉴，提高教师分析反思能力，有利于提高教师的教育教学水平。

(四) 提高教学研究实效

在案例研究中，提供的真实场景，有故事背景，有来龙去脉，有发展过程，有人物情节，全面、系统，有时还附有针对教学中的问题，开展对某具体教学现象的观察与分析，以及从各个侧面进行研究、分析和解释的图示和数据，在时空上对研究对象进行全方位、多层面和多维度的研究。教学案例研究有助于教师深入剖析教学中的问题，提高教学研究的实效。

许多从事教师教育的研究都从不同的侧面得出相近的结论，从一定意义上讲，教师知识结构＝原理规则的知识＋教学案例知识＋实践智慧

知识。为此，波斯纳提出了一个教师成长公式“经验＋反思＝成长”。该公式体现了教师成长的过程应该是一个总结经验、捕捉问题、反思实践的过程。因此，借助案例的开发、运用来训练和提高教师的反思能力，是教师专业发展的一条重要途径。

学者舒尔曼认为，不同发展阶段的教师，从一般原理规则的知识，到特殊案例的知识，再到运用原理规则于特定案例的策略知识是不同的。职初教师的知识结构以原理知识为主，包括学科的原理、规则，还有一般教学法的知识，这些均属于明确的知识。教师教学知识的一个主要方面是实践智慧知识，这如同医生的“临床经验”，经验是教师知识结构系统中的重要组成部分。教师在教学实践中逐步积累教学案例，丰富策略知识，其核心是教学实践的反思。案例知识和策略知识，这种知识主要有一个明显的特点：教师本人知道，但又难以用语言表达，是个人的、难以形式化的，是基于教师经验的、置于适当语境的、职业技巧的、存在于内心的、通过会话与叙述来转换有可能变成明确的知识，以及胜任实际工作所需要的知识成分，这类知识与前一类知识有明显的区别，属于默会知识的范畴。以案例为载体的教学研究则可以通过“认知学徒制”的形式，让教师特别是职初教师通过“无批判地模仿”，不知不觉地掌握教学知识。

案例研究的目标是调整并改进教学行为，提升教师的实践智慧，追求教学与研究的一体化，既是一种教学研究的方法，又是教师教学工作的一部分。教师的专业化成长是职业生涯中值得深思的问题。教学案例研究是教育工作者反思教学、研究教学成败得失、积累教学经验的载体。案例的开发和运用，贴近教师工作实际，教师有话可说、有内容可写，亲和力强；可以发现整个教育过程中所存在的问题，反思已有行为与新理念，反思理性的课堂设计，在教学实践中学会反思和探究问题，扩大知识视野；通过深入地反思问题情境和教学案例，成为促进教师专业发展的持久动力。

教学案例研究的基本思路是把教学过程发生的教学事业和处理的全

过程如实记录下来，写成“案例过程”，然后围绕案例过程中反映出的问题进行分析或集体研讨，提出解决问题的策略以及值得探讨的问题，最终形成教学案例。好的案例源于好的课堂教学，案例使用本该包含“研究”的含义，这需要组建案例研究小组，进行合作研究。例如，可以由2名研究人员（1名教研人员，1名大学数学教育专家）和本校的同行教师共同进行研讨、反思、实践。案例研究可以有两种基本的适用方式：第一种是把案例作为自我经验积累和反思的材料。这种使用方式具有个人化色彩，很少能对他人产生影响，但不失为教师展开个别化研究的基本形式。第二种是将案例作为与其他教师之间相互学习、沟通和交流的工具。这种案例使用方式，是教师共同学习和研讨教育问题的有效方式。案例研究是一种中层理论，在实践和理论之间起到一个中介作用，能有效地促进教师的专业化发展。

无论哪种案例研究形式一般都要有研究的重点和主题，通过案例来体现、反映教学改革的核心理念，解决教学中常见的疑难问题和困惑事件。如问题解决学习、探究性学习、合作学习、综合实践性活动等。

教学案例撰写的结构可以有多种形式，具体撰写时，结构可以灵活多样，主要有“案例背景—案例描述—案例分析”“案例过程—案例反思”“课例—问题分析”“主题与背景—情境描述—问题讨论—诠释与研究”等形式。

1.“案例背景—案例描述—案例分析”模式

第一，案例背景一般简要介绍案例发生的时间、地点、人物等基本情况，交代教学案例研究的方法与主题等。案例背景一般内容不宜过长，有时可以是几句简要的引言，只要提纲挈领地说清楚就行。

第二，案例描述是案例的主要部分，主要是描述课堂教学活动的情境，即把课堂教学过程或其中的某一个片段像讲故事一样具体生动地描述出来，具体的描述形式可以是一连串问答式的对话，也可以用一种有趣的、引人入胜的方式来进行故事化叙述。案例描述应来源于教师真实的经验，反映的问题应典型、真实、可靠，主题突出。

第三，案例分析要运用教育理论对案例作多角度的解读，对案例的描述要具体独特，有过程、有变化，并上升到一定的理论高度。案例分析的内容要有自己的思考，也要有理论的阐释。

2. “主题与背景—情境描述—问题讨论—诠释与研究”模式

（1）主题与背景

每个案例都应有鲜明的主题，它通常应关系到课堂教学的核心理念、常见问题、困扰实践，或者发生在学生身上的典型事例，要富有时代意义，体现改革精神；要客观描述研究事件发生的时间、地点、人物、起因等事件的发生发展过程；要说明故事发生的环境和条件，处理各组成部分之间的关系。研究者要了解当前教学的大背景，教改的大方向，通过相关调查，同时初步确定案例的研究目标、研究任务，初步确定案例的体例、类型、结构，突出主要问题。

（2）情境描述

案例描述不是课堂实录，是经过精心设计和组织，获得具有一定深度和广度的教学资料，可以整理成课堂教学片段、教学程序表、问题串，为后续分析案例提供翔实的原始材料。无论主题是多么深刻，故事是多么复杂，它都应该以一种有趣的、引人入胜的方式来讲述。案例研究把每一个所研究的教学现象，当作一个“整体”来详细加以描述、理解与诠释。案例是不完全的，研究者不可能把问题发生、发展中的所有变量都揭示出来，但认识或解释的不完全性并不降低我们追求解释的热情。

教师除了自己撰写案例以外，也可利用其他教师或研究者撰写的案例进行研究。案例描述不能杜撰，它应来源于教师真实的经验（情境故事、教学事件）、面对的问题。

（3）问题讨论

包括教学组织策略、学科知识构建方法、问题情境创设的科学性与合理性，以及案例中需要说明的问题、注意事项、师生关系的处理、需要提出的建议、进一步讨论的问题，如学生的学习效果评价、能力发展问题等。

(4) 诠释与研究

主要是对案例作多角度地解读，可包括对课堂教学行为作技术分析，教师的课后反思等。诠释、研究是对案例理性分析，其出发点是从课堂教学基本需求出发，探讨、挖掘典型案例的普遍意义，以便于推广。案例研究的目的不能仅限于案例本身，如果所选的案例只限于个别情境或特殊问题，或限于细节、技巧的追索，就会失去案例研究的真正意义和价值。围绕案例中体现的教学理念进行研讨，对课堂教学行为作技术分析，可对案例作多视角、全方位地解读。案例研究可以采用集体讨论的方法，可以发挥教研组等集体的作用，集体攻关，分工合作，共同研究。

案例研究必要时还要进行文献分析，文献分析是通过查阅文献资料，从过去和现在的有关研究成果中受到启发，从中找到课堂教学现象的理论依据，从而增强案例分析说服力。同时，通过有关教学理论文献的查阅，去进一步解读课堂教学的活动，挖掘案例中的教育思想。撰写案例要做到目标明确，描述真实具体，材料选取适当，案例构思巧妙，文字表达生动。撰写时一般要经过撰写、讨论、修改、再讨论多次反复的过程，不断完善。案例的评析部分由案例写作者或研究者从理性的角度对之进行总结和反思，也可以提出建议供读者借鉴或参考。

第三节　高校数学教学模式建构的实施步骤

教学模式的构建要遵循教学模式的结构进行。我国学者查有梁先生提出定性构建教学模式的基本程序包括：一是建模目的。明确建立教学模式所要达到的目的。二是典型实例。通过调查研究，找出一个典型的个案。三是抓住特征。通过理论上分析案例，概括出基本特征和基本过程。四是确定关键词。进行语义比较，找出表述模式的关键词。五是简要表述。对模式作出简要的定性表述。六是具体实施。在教学中实施模式，注意充分体现模式的特征和过程。七是形成子模式群。在教学实践中，因不同实际情况，能“变换”“适应”，从而形成系列的子模式群。八是建模评价。对模式设计和实践进行归纳总结，以便改进。

上述各个阶段应是联系的、多向的。在理论和实践上，都要经过修改、完善、发展才能构建一个有效的教学模式。无论是采用哪一种方法，都有一个运用推广教学模式的过程。必须注意的是，不能只是给教师提供一种操作的框架，而应注重引导其对相应教学理论、原理的学习和把握；学习推广同一种教学模式，应循序渐进，在小范围内实验、提供示范的基础上逐步推开，留给数学教师一定的可供发挥的余地。

当今高校数学课程改革实践中，根据新课程理念，针对时弊，许多老师对传统教学中不尽科学、不合理之处进行探索、实践，取得了一定的成效。他人的成果要转化为对自己教学行为的改变，很重要的一个方面是需要教师结合自己的实践，针对自己鲜活的课堂实践，基于校本实际问题、情境，不断总结、反思，开展校本教学模式研究，对教学实践经验进行总结、反思与升华，对课堂教学结构进行整体优化，有助于提升教师的教学实践能力和智慧。基于校本的数学教学模式研究不是对数学教学模式研究理论或者是一般教学模式进行研究，而是针对学校的实际，以研究解决学校教学中的现实问题为出发点，研究的结果应有助于改革学校教学的现状。从方法论的角度来看，它的内涵是行动研究，研究的主体是学校教师，其结果是解决学校教学中的问题，改善教师自身行为，促进教师的专业成长。

教学模式从某种意义上讲，是教学研究中对教学现象的抽象、思辨的产物，是一种关于教学的理论。对教学模式的研究可以在一定程度上看成过去对教学方法研究发展的一个直接结果。在长期的教学活动中，教学理论研究和教学实践探索的深入，不断创造出新的教学模式，这种研究与探索是无止境的。

对于教学模式的研究可以有一般的探讨，付诸实施则更多地基于校本，真正的教学过程是具体的、多样性的。每一种教学模式需要在现实

的、鲜活的教学场景中不断被证伪、充实提高、改进完善。教学实践中，基于学校传统、学生特点、自身特长，根据不同情况恰如其分地选用不同教学模式，这才是教学模式得以有效实施的重要保障。教师通过自下而上的，源于自身经验的总结、反思，对教学过程提出了一个“广泛的推测”，并在教学实践中得到验证。

基于校本的教学模式研究并不只是局限于学校，而是需要专业引领、研究人员与一线教师共同参与，对整个教学模式进行系统的、多视角的认识，从而试图避免对教学模式简单、单一的认识，这是开展校本教学模式研究的一个基本出发点和意义所在。

从本体论和认识论上来讲，校本教学模式的研究是从原始资料出发，将现象学的方法、实验调查的方法、思辨的方法等多种方法相结合，采取证伪与证实相结合的立场，从学校的实情出发，来研究教学模式。

基于校本的教学模式研究是一线教师切实可行的、具体的、具有可操作性的校本教研方略。教师教学水平的提升，离不开基于校本的教学模式研究。对于一名成熟的教师来讲，教学模式的运用也很重要。随着教学素养（包括知识、能力、方法等）日渐提高，教学信息的大量贮存、教学经验的逐步积累，教师会根据自己不断地借鉴、实践，形成自己对教学模式个性化的理解和认识，建构自己的教学模式图景。根据校本实情、特点，通过不断地实践与探索，反思与重构，灵活地运用模式，形成自己独有的教学艺术风格和特色。现代教学实践和理论进一步表明，在课堂教学中这种非线性特征表现得非常明显，学生的发展水平和其身心状况制约着教学，而教学又促进和调节着学生的发展与身心状况。

教学系统的非线性特征，要求教师在教学时基于校本、生本、师本。当今的课堂教学是一个开放性课堂，有经验的教师可以凭经验把握它，若自觉地掌握了它的规律，就有利于提高教学效率，更快地提高教学水平。教学过程的这种不确定性，要求教师立足于校本，针对具体的

教学情境，选择适当的教学模式进行教学，构建适合自身特点的“校本教学模式”。

一、行动研究法的实施步骤

对于从事教学实践的教师而言，如何构建实用可行的教学模式以改进教学，可主要采取行动研究法，通过以下几个步骤来实施。

（一）总结归纳

一名优秀的教师要善于不断地总结反思自己的教学行为。校本教研、同行间的相互学习、教学观摩是一个重要的途径。从教学案例等第一手材料入手，对教学行为进行评判反思，对学生的学习结果和行为变化进行分析，并进一步追问：“这种现象是否反映了教学中的一种本质？如何从理论上作出解释？”通过对经验的理性反思，加深对教学理论与实践的理解和认识。通过对教学过程中典型范例的研究、归纳、提升，形成自己独特的教学风格。这不仅是自己教学实践的结晶，同时也是构建教学模式的必要基础。

（二）比照反思

形成一种教学模式并不是简单的教学经验的汇编。他人（校）成功的教学经验对本人的启示是什么，可以借鉴学习的在什么地方？对教学过程中师生双方的活动，教学实施的程序及其方法，现代思想的体现，现代化教学手段的运用等是否融为一体进行比照与衡量、综合与反思，形成一个实施教学的课堂策略体系。教学反思与案例研究、教学模式研究密切相连。斯宾诺莎把自己的认识论方法称作“反思的知识”，而“反思的知识”即“观念的观念”，是认识所得的结果，它本身又是理智认识的对象，对于作为认识结果的观念的再认识和对于这种再认识之所得观念的再认识，这种理智向着知识的推进，即“反思”。斯宾诺莎的反思是把思维所得的结果作为思维对象，反思主要着力于已得观念的理性升华。反思是个体，乃至整个群体成熟的一个重要标志，这往往成为从案例到模式升华的阶梯。

（三）完善设计

教学模式的形成是一个不断完善、发展的过程，需要遵循从“实践到理论再到实践”或从“理论到实践到理论再回到实践”的不断升华，从教学目标、教学结构程序、教学手段方法等方面完善教学模式的设计，把不利于本校学生、教师等实际的因素去除，把优秀的教学传统继承下来。

（四）实践检验

进行教学研究的宗旨就是为了有效地促进教学实践，一种教学模式是否成功有效，唯一的标准是通过实践来检验。经过学校的教学实践，验证这种教学模式是否符合本校的教学实际，有效地改进了学校教学，提高了教学效率，促进了学生的身心发展。

（五）理论升华

教学模式既然作为一种理论，必须从感性经验层面上升到理性层面，在反复实践、基本成熟的基础上形成一个符合素质教育要求，符合教学规律、学科特点、认知规律和心理发展规律，有一定特色的课堂教学结构模式框架，并组成文字资料。一般来说，理性升华可以包括以下五个方面：①模式命名。一个教学模式的名称要能够反映该模式的特点。②建构的理论依据。这是教学模式的精髓，也是反映该教学模式合理性的一个重要标志。③模式的结构特点。一种新的教学模式的提出，对优化课堂教学结构要有其新颖性、独特性。④典型案例。这一方面是模式生成的基础，另一方面可以用以阐释教学模式，便于他人学习、推广。⑤实验总结、分析。根据本校教学实践的效果，分析教学模式的科学性、合理性、实效性。这是对教学模式的科学性、合理性、实用性的验证，也是教学模式发展、完善不可或缺的重要环节。

基于校本的教学模式，无论是采用哪一种方法，在理论和实践上，都要经过修改、完善、发展才能构建一个有效的教学模式。构建一种教学模式，应循序渐进，在小范围内实验、提供示范的基础上逐步推开，

并进一步构建符合学校实际的校本教学模式。

近年来，由于人们对教学模式的普遍关注，在各级各类书刊上出现了各种各样的数学教学模式，有几百种，有的比较成熟稳定，有的还在探索实验阶段，有的甚至只是改头换面地搬用了其他教学模式，旨在刻意地杜撰属于自己的所谓“新”教学模式，这是在教学模式研究过程中不值得提倡的。构建新型课堂教学模式应以有利于提高教学效率，有利于学生素质的全面发展为目的。新型课堂教学模式要在教学观、教学目标、教学方法、教学手段等方面有所体现，新教学模式的建立是对原有数学模式的发展，构建一种新型的数学教学模式，应该符合和体现现代先进教育思想和教育理论，具有一套比较完整的操作要求和基本程序。不同的教学媒体具有不同的教学特性与功能，不同的教学内容、知识类型、教学对象年龄层次等都具有自身的特性。

就其一般方法论而言，演绎和归纳是两种最基本最重要的研究方法，各有其价值和优势，这两种方法运用到教学模式的研究上各有其无法替代的重要功能。但是用归纳法建立起的模式，由于模式所依据的经验往往受到地域、环境、教育者等诸多条件的限制，可能偏安一隅，这给运用、推广带来了一定的局限性。用演绎法研究教学模式，首先要找到解决的问题，但其设想不能凭空而造，除了必须有成熟的理论外，仍得考虑实践经验和存在的问题。必须针对解决问题的需要提出设想，并借助理论思维设计出模式的雏形，然后用实验验证其有效性后，才能确定出模式。如何选择适当的方法研究模式，必须根据研究者已有的基础等实际情况，以及研究的内容、时间、地点和条件等多种因素加以综合考虑。

“行动研究法”倡导“没有无行动的研究，也没有无研究的行动”，强调行动与研究间的密切关系，并且认为这种方法是“将科学研究者与实际工作者的智慧、能力结合起来，以解决某一实际问题的方法”。明确提出“教师即研究者”，改变了教育研究为专业研究者所把持的局面，为解决教育研究中固有的教育理论与教育实践脱节问题找到了一条有效的途径。就教学模式研究而言，对于每一位从事数学教学实践的教师，基于校本的教育行动研究都是其专业化成长的必经之路。

行动研究最早诞生于社会活动领域，它对于社会活动具有极为独特的价值。教育活动是一项重要的社会活动，因而行动研究得到教育研究的很大关注。只有教师、学生、辅导人员、家长、支持者能不断检讨学校措施，学校才能适应现代社会生活之要求；故此等人员必须个别或集体地采取积极态度，运用其进行创造性思考，指出应该改变之措施，并勇敢地加以试验；且须讲究方法，有系统地搜集证据，以决定新措施之价值，这种方法就是行动研究法。

行动研究特别强调教师的参与，对自己从事的实际工作进行反思，是一种教学人员与科研人员共同参与，集教育理论与教育实践于一体的教育研究模式。教师应参与教育研究，成为改进教育实践的人，为了使研究更有成效，甚至也可以让家长参与教育研究。

由于参与者的不同，一般认为行动研究有两种不同的类型：一种是实践性行动研究。这类研究中，教育专家和教师是合作伙伴关系，专家作为“咨询者”，帮助形成假设，计划行动，评价行动过程及结果，研究的动力、选题来自教师自身。另一种是独立性行动研究，教师通过教学反思采取相应行动的一种研究方式。这种反思性行动完全是由教师自己或一个群体的通力合作下进行的研究。

由于教学模式自身的特点，在研究过程中，必须依靠大量优秀的数学教师的教学经验，以及进行长期的探索、实践，通过在数学教学实践中概括、研究教学模式，这本身就是一种离不开教学人员参与的行动研究。这种行动研究的特点是基于广大数学教育工作者在教学实践中积淀的值得推广的丰富的教学经验，并在此基础上进一步概括，形成的教学理论，它已在实践中得到了不同方面、不同程度的检验，故其可行性强，可以更好地被一线的数学教师所理解接受，用来指导数学教学实践。因此它可以减少研究者在经验中苦苦摸索，从而节省时间。实验验证该模式时，如果能通过对影响模式的各种变量加以严格控制，则可以

较好地避免在进行教学实践研究过程中的主观随意性。只要严格按照实验计划规范地实施，就能验证该模式是否可行及效果如何，如可行且效果好，则模式成立。

由于教学实践的需要，教学模式的研究日趋活跃，人们借助数学哲学、数学教育心理学和数学教学论等各学科的研究成果、技术和方法，构建了许多新的数学教学模式，使模式研究呈现出多样化的发展趋势，它对教学理论研究的深入和教学改革起到了积极的指导和促进作用，呈综合化发展的趋势。

二、行动研究法综合化发展趋势的表现

（一）在教学目标上，由单一目标向多种目标发展

随着教学研究的逐步科学化，人们把学生看成能动的主体，是知、情、意、行的统一体；数学不再被看成“毫无实用价值的符号游戏”，高校数学教育的目标不只是为了进行陶冶，也不是完全出于实用主义的目的，而是工具性与文化性的统一体。因此，当代数学教学模式总是明确提出多种教学目标。

（二）在教学领域上，由课堂教学向课外活动拓展

随着研究领域的拓宽，教学活动已不局限于课堂教学。数学课外活动的开展已成为一种十分重要的教学形式，它直接影响着课内教学的质量。根据乔伊斯等人的理解，教学模式是“能用于构成课程和课业、选择教材、提示教师在课堂或其他场合教学的一种计划或范型”，并在《教学模式》一书中关注研究了多种课外教学模式。

第三章　高校数学教育教学建设

随着社会经济的飞速发展，高校数学科学在现实生活和科技进步中的应用越来越广泛，与自然科学、社会科学并列为三大基础科学。作为当前高校数学教育研究的热点之一，数学素养教育问题受到国际数学教育研究的广泛关注。可见，在正确的素养教育观念下，探索“高校数学”教育教学改革创新问题具有重要的现实意义。

第一节　高校数学课程建设

根据教育部有关精品课程建设的文件精神，精品课程是具有一流教师队伍、一流教学内容、--流教学方法、一流书籍、一流教学管理等特点的示范性课程。根据精品课程要求，在“高等数学”课程的建设过程中进行了一系列探索，对提高教学质量发挥了重要作用。

一、高校数学课程建设探索

在高校数学课程建设中采取的措施，有效保障了教师教学能力和教学水平的不断提高，教学内容、教学方法和教学手段更加适应实现人才培养目标的要求，并有效调动了学生学习的积极性和主动性，进一步提高了高校数学课程的教学质量。

（一）师资团队建设

为了全面提高高校数学课程的师资水平，保障教学质量不断提高，

特别加强了对青年教师的培养。

1. 对青年教师实行导师制

即为每个青年教师指定一位导师，进行“一对一”指导和培养，做到评帮和指导不间断。同时，组织教师之间互相听课，加强教师与学生的沟通，多渠道多方面了解自身的教学水平。

2. 为青年教师提供培训学习机会

积极为青年教师创造更多的培训学习机会，鼓励青年教师参加多媒体技术和数学实验培训等活动，提高教师的业务水平。

3. 鼓励青年教师开设特色讲座

鼓励青年教师开设其他数学选修课及特色讲座，增加教学实践机会，同时支持青年教师走出去，多参加高校数学研讨会、年会等。

(二) 书籍建设

在教学大纲方面，为了更加适应办学定位、人才培养目标和生源情况，在原有本科微积分理论教学大纲的基础上进行了必要的补充和修订，在内容上更加全面、细化、深化。例如，在教学过程中增加部分例题与习题的难度，同时在教学过程中加入一定数量的证明题，通过此方法可以满足部分考研学生的需要。

在教学内容上，本着“以应用为目的，以必需、够用为度”的原则，对书籍内容进行了优化。首先，根据各专业的不同需要，对与各专业的应用相关的内容，进行了重点调整，保障了教学内容的与时俱进。其次，对书籍内容进行适当的整合，对教学内容顺序进行调整，更加注重应用。目前，针对实际情况，教研室已开始编写主要面向经济、金融、管理等本科专业的数学书籍。

(三) 教学改革

1. 改革教学方法

(1) 强化案例教学

把与专业背景联系较为紧密的应用案例引入教学中，把高校数学建模的思想融入教学，教师在讲授数学理论知识的同时，加强对学生应用数学方法解决经济学中具体问题能力的培养。在介绍理论知识后，适当引入经济问题中的实例，结合数学思想和方法给出解释，开阔学生视野。

(2) 根据不同的教学环节，灵活运用不同的教学方法，并把这些方法贯穿到编制的电子教案和多媒体课件中

例如，在讲授新知识时，采用系统教学法；在章节总结教学时，采用技能教学法；突破重点、难点教学时，采用心理障碍排除法；对学生进行思维训练时，采用设问情境法；用于习题课教学时，采用参与教学法。

(3) 双向互动，激发学生的学习兴趣

例如，部分教学内容可以让学生自学、自讲或讨论，教师利用较少的时间进行归纳总结及点评，既节省了教学时间，又调动了学生学习的主观能动性。另外，灵活使用考核手段，在考试形式上，打破单一的闭卷考试考核方式，逐步形成闭卷“教考分离”、小测验、小论文相结合的考核形式，使学生既注重学习知识又注重创新思维的培养，把着力点放在提高能力上。

2. 积极推进教学手段现代化

(1) 全面运用多媒体教学技术

将传统的数学方法与多媒体教学相结合，使传统教学方法中不能直观表示的抽象概念、定理、图形等通过多媒体生动地表现出来，使学生容易理解和掌握，调动和激发学生的学习积极性，增加教学信息量，丰富教学内容，使教学形式灵活多样，提高学生的学习兴趣。课后充分利用教学网络平台，在补充课堂教学的同时，加强与学生的互动交流。

(2) 建设课程网络平台

目前已创建了高校数学精品课程网站。基于这个网络平台，建立高校数学教学辅助资料库，包括高校数学的课程教案、多媒体课件、教学大纲、教学授课计划、教学录像、在线题库等与课程相关的内容。同时，增设特色课程、考研真题、数学天地等课外内容。通过网络平台，

实现优质教学资源的共享，使学生通过上网学习，不仅可以学到该课程的教学内容，还可以学到其他相关的数学文化方面的内容。在此基础上，不断丰富网络资源，增加互动功能，开设在线答疑系统，给师生交流搭建良好的平台，及时总结、反馈。

二、高校数学精品课程建设

高校数学在不同学科和不同专业领域中所具有的通用性和基础性，使其在高校的课程体系中占有非常重要的地位。但在新时代下出现了新的问题和挑战。根据高校教育的特点及教育部关于“国家精品课程建设”的要求，就高校数学精品课程建设的实践中存在的主要问题给予分析并提出一些相应的措施。

在数字化信息技术迅速普及、人类已进入信息时代的今天，面对全球化、网络化、高新技术化和知识化的新时代，高校数学的教学受到了前所未有的影响。高校数学中的基本理论和解决问题的方法，已经成为当代大学生知识体系中不可缺少的重要组成部分。数学严谨的思维方式和解决问题的科学的分析方法，更是他们走向社会并适应未来社会必备的素质和基本能力之一。但是，我国的高校教育理念由过去的“精英教育”转向了“大众化”；课程设置由过去的“强化专业”转向了“文理渗透”，以“培养学生的全面科学素质和适应社会发展的普遍能力”。因此，进行高校数学的精品课程建设，不断提高高校数学课程的教学质量，既是当前高校教育改革中的一件大事，也是教育部进行精品课程建设的重点要求。

（一）高校数学的教学现状和基础定位

大学生的文化基础参差不齐，差异较大，体现在数学基础知识上更甚，不同的专业、不同的学科对数学基础知识的要求也存在较大差异。高校数学课程和教材本身也存在一些历史沿袭下来的问题。

纵观国内外高校教育，大学教育阶段大多数专业都开设数学这门课程。考虑到我国高校教育发展的历史和现状，在当前的教育新形势下，高校开设高等数学课程不仅是为了学习基本的数学知识，还为了提升学生科学文化素养，培养学生良好的思维品质，让学生掌握思考和解决问题的科学的方法和技能，对后继课程的学习提供知识和方法，为学生进一步深造提供必备的基础。

（二）高校数学教学改革的目标要求

以现代教育思想为指导，按照21世纪的人才需求，也就明确了数学教学改革的目标要求：以不同专业的实际需要来重新构建新形势下的高校数学教学内容，实现不同人才的培养规格和培养目标；以素质教育和能力培养为目标，将课程建设、科学研究和师资队伍建设结合起来，实现数学思想和数学文化的育人功能以及培养学生应用数学方法和数学思想解决实际问题、进行创新的能力。

（三）高校数学精品课程建设的内容

1. 适应学校的发展，重建课程培养体系

根据不同的专业性质和培养目标，在拓宽基础、重在应用的前提下，以现代大学生素质教育所需要的数学思想和素养，培养学生的创新能力、分析和解决实际问题的能力为主体要求，根据实际和发展计划，对高校数学课程的设置、结构、教材体系和教学内容进行认真的研讨，重新修订教学大纲，提出新的数学课程培养计划。

2. 重视教材建设，开展教学研究活动

教材既是知识的载体，又是教学大纲的直接体现，是实施教学的必要物质基础。通过几年的探索，根据各个专业所需数学知识的不同，在条件允许的情况下，将全校的数学教材进行了分类。教学研究活动是交流教学经验，解决教学难题，促进课堂教学的一项有益的活动。高校数学教研室经常开展教研活动，围绕数学教材、教学内容、教学手段、教学方法以及学生实际情况进行模拟讲课、展开讨论，进行交流总结，这对教学质量的提高大有裨益。

3. 改变传统的教学方法，引进现代教育技术手段

高等数学本身具有严密性和逻辑性，具有高度的概括性和抽象性，在教学过程中，为了使学生在较短的时间内获得大量知识，由教师引导

学生集中学习基本理论是行之有效的。在教学的基础上，让学生参与进来：安排部分习题，让学生在黑板上做，然后教师给予点评；教师出适当的思考讨论题，让学生充分展开讨论，集中交流。这样，既调动了学生学习、求知的主观能动性，也提高了学生的自学能力、逻辑思维能力和综合判断能力。实践证明，传统的教学模式“粉笔＋黑板”对于数学课堂教学来讲，还是十分适用的。所以，高校数学的教学不能像其他学科那样全面地引入多媒体现代化的教学手段，而是合理利用多媒体，将传统教学手段与现代教学手段相结合，多媒体教学与黑板板书相结合，使数学课堂变得灵活而生动，提高学生学习数学的兴趣。

4. 重视调查研究，建立教学监督机制和评价机制

在精品课程建设期间，逐步建立听课制度，学校督导组、院系领导和各教研室组长进行听课，并做记录，课后讨论并及时反馈给任课教师；每学年两次由学生对教师教学进行网上评教和督导专家、同行的评教。这样，通过这些途径给教师打分，对教师的教学态度、教学水平和教学效果等进行整体评价，提高教学效率和教学质量。

总之，高校数学精品课程建设内容较多，涉及面较广，是一项复杂的系统工程，需要学校、教师、学生多方面配合，软硬件并举，有计划、有步骤地进行。作为高校教师，要敢于面对新情况和新挑战，充分发挥自己的主观能动性，不断提高教学水平；学校应调动各方面的积极性，加大改革力度，使高校数学精品课程建设更加完善，促进数学教学工作整体水平不断提高。

三、高校数学课程评价体系建设

分析建设高校数学课程评价体系的原因，提出课程评价应注意的基本原则，给出具体综合的评价方案，并就评价方案进行初步的应用实践，指出方案推广实施的问题和价值。

（一）建设高校数学课程评价体系的原因

1. 适应高校数学课程性质与任务的要求

职业教育具有双重属性，在学历层次上来看属于高校教育，而在类

型方面又属于职业教育，在职业教育的问题上，不能只强调其职业属性，必须坚持高校教育的教育原则。建立符合新时代背景下高校学生特性的课程评价体系，有利于更好地开展高校数学的课程教学工作。

2. 高校数学课程教学的问题和现状

作为高等教育的重要组成部分，高校数学教育在多年的发展过程中取得了显著的成绩，但是也同样存在着一些问题，例如，扩招和高教的普及，导致高校生源质量大幅度下降。很多高校学生在高中紧张的应试教育中形成的学习方式和思维方法都不适应高校教育，缺乏开放性的思考倾向，对知识的深入研究和感悟不多。

3. 高校教育对人才培养提出了更高要求

随着经济社会的飞速发展与进步，社会的人才需求量越来越大，也提出了新的要求，要求人才文化素质要高，综合技能要强。面对这一现状，全国各地的高校都在努力转变办校办学模式，探索学校发展的新出路，提升院校的整体竞争力，提高毕业生的综合能力及文化素质，提高人才培养的质量。

从上面的分析以及现阶段的实际情况来看，学生的学习思维方法，在很大程度上导致了学生学习困难的加大，而高等数学课程的学习难度又是众多学科中最难的，这就给学校的教育教学方法带来了很重的负担。从这个角度考虑，必须从高校学生的实际情况出发，研究高校学生的特点，以培养高校学生数学情感、数学感知能力、应用数学思想和方法解决现实问题的能力为目标，从树立学生正确积极的学习理念出发，建立一套基于学生学习实际情况的“数学”课程评价体系，通过它来找准教学环节存在的问题，并激励学生提高对数学课程的重视程度，不断优化自身的学习模式，提高课堂学习的实际效果。

4. 现行高校数学课程评价方式及其造成的问题

现行的高校数学课程评价体系基本还是采用传统的考核评价方式，公正性很难保证，可操作性也不强，达不到促进学生积极学习的目的，应该对其进行改革，重新制定。

（二）建设高校数学课程评价体系的思索

1. 改革评价方法，建立以形成性评价为主的课程评价体系

好的课程评价体系，要能够增强学生学习高校数学的兴趣，促进学生主动学习、独立学习，并能够将学生的学习状况“诊断”出来并反馈给教师。改革建立的课程评价体系要实现形成性评价与终极性评价相结合，在日常的学生学习环节、课后复习环节、上课记录的笔记、学习心得体会以及课堂回答方面，都赋予一定比例的分值，积极引导学生建立数学学习立体思维。高校数学知识难度很大，课堂上不能掌握的知识内容，在课后要加强学习力度，吃透消化教师在课堂上讲解的内容。课程评价体系中还要包含对学生学习能力和学习态度的考量，虽然这二者都比较抽象，没有具体的量化标准，但在这方面，学校要不断深入探索，不怕试错，在反复比较研究的基础上，建立相对合理的评价指标体系。

2. 课程评价体系建立的原则

（1）评价内容要系统化

数学内容纷杂，需要进行评价的知识更是很多，如果没有一套比较科学的评价技术手段，则会导致评价工作的难度加大。所以，评价体系要进行不断优化，用系统化的评价方法，沿着学生学习数学知识的思维模式，从其预习到课上学习再到课后巩固，每一个环节都要建立合理的评价模式和评价标准，这样既不会遗漏任何学习环节，也可以提高评价效率。评价的内容变得更加立体化，不仅包含成绩的考核，同时也包含学习情感的变化等。

（2）评价主体要多元化

在评价主体的选择方面，要改变以往传统的教师为主的局面，因为高校数学的教学更多是师生之间的相互配合，因此，在评价主体方面，要增加学生的比例，可以按照宿舍来划分，一个宿舍可以安排一个评价负责人，并且确保学生评价负责人分布的合理性，同时更加注重优秀榜样的激励作用，鼓励学生将身边优秀同学的良好学习精神和学习方法向大家介绍，让学生在相互借鉴中共同提高进步。

（3）评价方式要多样化，融入人文关怀

在过程评价体系中，根据不同的评价内容与对象，采用多样化的评价方式，如阶段测试、期末考试、作业评价、小组讨论、个人学习总结、课堂提问测试、课外谈话交流、个人学习成长记录等都可作为考核评价的方式。同时，在评价的过程中，要注意和考虑学生的情绪，融入更多的人文关怀，让学生主动接受评价，并愿意受评价的监督和激励。

（4）评价标准要合理化

评价标准要经常修正，在学生不同的学习阶段，其侧重点也会有所不同，这就需要不断调整和优化评价的标准。高校数学知识的学习，遵循一定的规律，同样，教学评价标准，也要尊重学生的学习规律，让更多的学生接受它。在评价标准上，不要使用绝对的等级评价标准，相关分数的设定，要考虑全面。

（三）建设高校数学课程评价体系的实施方案

高校数学课程评价体系，应建立以过程性评价为重要内容的课程评价体系，兼顾学生的学习结果和学习过程，综合考虑学生的基础和能力实际，结合高校数学课程目标和人才培养标准，以及专业实际需要，合理构建高校数学课程评价体系框架，确定评价项目的内容、难度及其权重。具体可按下面的方案加以实施。

1. 基础知识与应用能力的考核（占总分权重的50%）

基础知识与应用能力的考核，以应试笔试的形式进行，主要考查学生对基础知识的掌握程度，考生可以带课堂笔记参加考试，试题涉及的知识点、难易程度在教师授课时要给学生明确指出，学生把这些知识点作为日常学习和复习的重点。

2. 学习过程的考核细则（占总分权重的50%）

对学习过程中的各环节进行考核评价，称为平时成绩。

（1）课堂纪律（20分）

课堂学习是数学学习的重要环节，所以对上课纪律要严格要求，对迟到、早退、玩手机、睡觉、做与数学学习无关事情的违纪行为进行考

查，有利于培养纪律观念和促进学习。

(2) 课堂学习参与度和学习效果（20 分）

平时课堂或自习时间安排数学知识考查、课堂小测验、阶段考试，课堂积极参与互动，积极探讨、回答问题，主动演算题目等，作为课堂学习效果评价的重要内容。

(3) 小组讨论学习课学生互评成绩（20 分）

根据课程内容的差别，把一个学期的数学课程分为多个教学阶段，每个教学阶段最后的时候都要有一堂讨论总结课，对这一个教学阶段内的知识点、重点、难点进行总结，老师还要准备一些问题组织学生进行讨论。

(4) 课后作业（10 分）

学生必须按时完成作业，书写认真、错误少和及时纠错改错。

(5) 自主学习记录（20 分）

督促学生要养成良好的学习习惯，学生上课时要认真做课堂笔记，积极提问，积极参与问题讨论，记录自己的学习心得，认真做阶段学习总结。

(6) 学生自评成绩（10 分）

学生还要对自己的学习情况进行打分，包括学习态度、学习效果等。

(7) 学习贡献加分

如果某个学生学习态度好、给其他学生的帮助比较大、数学思维具有创造性等，给予特别加分。

(四) 对本评价体系应用的前景展望

该评价体系是关于学生数学知识、技能和数学学习过程的综合考核，对于大班教学操作性方面存在一些问题，但该问题可以通过发挥学生干部在学习过程中的管理作用得到较好解决。该评价体系在其他课程成绩评价中也有借鉴意义。

四、高校数学网络课程的建设

依托校园网络平台建设网络课程，不断推进网络化教学，是保证和提高高校数学教学质量的有效途径。高校数学是高校中至关重要的基础课程，对培养和造就具有创新精神和创新能力的人才发挥着重要作用。随着计算机技术和网络技术的普及，信息化教学已成为高校改革的重点。

目前，为了推进网络化教学的应用，高校数学以网络教学应用系统为平台，建设了高校数学网络课程，为实施网络教学提供了良好的支持与保障。

（一）网络课程的结构和内容

高校数学网络课程按章、节、知识点三层结构组织，涵盖了数学的全部内容，在每一讲下配置网络书籍、电子教案、讲授书籍、练习与解答等教学资源，配备数学史料、数学家传记、重要概念和图形的动画演示等丰富的信息资源以及供测试的试题库，满足现代化教学的需要。

高校数学网络课程的具体内容如下。

1. 网络书籍

将高校数学的教学内容用网页的形式展现，图文并茂，便于浏览，供学生自学。

2. 电子教案

为 PPT 课件。电子教案由高等教育出版社出版，曾被评为优秀课件，内容丰富、制作精美，能够使学生抓住重点，有力配合高校数学的学习。

3. 讲授书籍

由多位经验丰富的任课教员集体讨论后分工录制成视频，汇集了数学教研室各位教师多年的教学经验，可以为学生学习提供重要的参考。

4. 练习与解答

收集了同济大学数学教研室编写的《高等数学》第五版主要章节的

课后习题和解答。同济大学数学教研室编写的《高等数学》曾获国家级教学成果一等奖，该教材一直被我国绝大部分高校采用，其习题难易适中，有很强的代表性。进行一定的练习是学好数学的重要环节，因此，这部分内容为学生课后练习提供了有益的素材。

5. 试题库

所有试题均是从高等教育出版社出版的试题库精选的。高教社出版的这套试题库，汇集了诸多道题目，具有较高的权威性。

6. 相关资源

配备了丰富的信息资源，主要包括图形的动画演示、数学家传记、数学史料和常用工具等。对于数学的一些重要概念和图形的动画演示有助于加深学生对数学概念的理解，了解数学家的生平可以激励学生的学习热情，增加学习兴趣，而数学史料可以开阔学生视野，提高数学素养。

数学网络课程配置的上述资源，紧密结合数学学科特点，充分利用计算机网络优势，信息丰富、资料翔实，有利于开展网络自主学习。

（二）网络教学系统的功能

高校数学网络教学系统为教师和学生提供了教学资源和互动的平台。教师和学生能够以不同身份登录，进入各自的教学和学习活动界面，实现教学功能和学习功能。

1. 定制个性化的课程

在教学功能区，教师可以定制个性化的课程，管理课程文件，发布课程公告，布置和批改作业，与学生进行讨论和交流，及时跟踪学生学习情况，解答学生问题等。具体而言，教学功能区可实现如下功能。

（1）课程管理

授课教师可以管理自己教授的课程，根据自己的教学需要管理和配置教学资源、发布课程公告、维护课程基本信息。

（2）作业系统

教师可以通过网络教学应用系统的试题库布置作业，进而批阅作业、分析成绩。

（3）成卷系统

网络教学应用系统可根据教师输入的组卷参数（考查的知识点或章节、题型结构、满分值、平均难度等）自动生成符合要求的试卷及其标准答案，供学生自测。

（4）学习跟踪

网络教学应用系统为每位学生设置了账号。教师可跟踪每个学生的学习情况，浏览学习日志，适时调整教学内容和进度。

（5）答疑系统

教师可以通过网络教学应用系统提供的讨论区和答疑区解答学生提问、查询问题、提出新问题。

2. 网络教学应用系统为学生设置学习功能区

与教学功能区相对应，学生可以根据授课教师的安排和自己的学习情况自主学习，接收课程公告，做作业及查看成绩，进行自测与辅导，提出问题，进行讨论交流。学习功能区可实现如下功能。

（1）课程学习

学生可浏览授课教师定制的课程内容。

（2）自我测试

学生可通过网络教学应用系统提供的自测题目，围绕某一知识点自主选题测试，通过分析测试结果指导自己的学习。

（3）做作业

学生可以在线完成授课教师布置的作业，查看教师批阅结果。

（4）答疑

学生通过答疑系统可以提出问题、查看热点问题、收藏问题、交流问题和参与实时答疑等。

高校数学网络课程内容丰富、信息量大、素材权威、功能齐全，具备自学、辅导、答疑、测试等功能，能够较好地满足现代化教学的需要。

第二节　高校数学教学中的情境创设

提出一个问题往往比解决一个问题更重要，因为解决问题也许仅仅是一个数学上或实验上的技能而已，而提出新的问题、新的可能性，从新的角度去看待问题，却需要有创造性的想象力而且标志着科学的真正进步。从中可以认识到，要培养学生提出问题的能力，要从培养学生的问题意识入手。在高校数学教学活动中，只有使学生意识到问题的存在，才能激发他们学习中思维的火花，学生的问题意识越强烈，他们的思维就越活跃、越深刻、越富有创造性。因此，随着课程改革的不断深入，创设数学情境，让学生在生动具体的情境中学习数学，这一教学理念已经被广大教师接受和认可。可以说，情境创设已成为高校数学教学的一个焦点。实际上，情境创设得好，能吸引学生积极参与和主动学习，让他们从数学中找到无穷的乐趣。因为情境创设强调培养学生的积极性与兴趣，提倡让学生通过观察，不断积累丰富的表象，让学生在实践感受中逐步认识知识，为学好数学、发展智力打下基础。

一、创设高校数学问题情境的原则

在高校数学的课堂教学中，要使学生能提出问题，就要求教师必须为学生创设一个良好的数学问题情境来启发学生思考，使学生在良好的心理环境和认知环境中产生对高校数学学习的需要，激发学习探究的热情，调动起参与学习的兴趣。

（一）符合学生最近发展区的原则

维果斯基的“最近发展区理论”认为学生的发展水平有两种：一种是学生的现有水平；另一种是学生可能的发展水平，两者之间的差距就是最近发展区。作为一名数学教师，应着眼于学生的最近发展区，在对书籍深刻理解的基础上，创设与学生原有的知识背景相联系、贴近学生的年龄特点和认知水平的数学问题情境，调动学生学习的积极性，促使学生自主探讨数学知识，发挥其潜能。

在高校数学教学中，数学问题情境还要根据具体的教学内容和学生的身心发展需要来设置，教师在原有知识的基础上，以新知识为目标，充分利用数学问题情境活跃课堂气氛，激发学生的学习兴趣，调动学生的学习主动性和培养其创造性，促进学生智力和非智力因素的发展。数学问题情境的创设必须符合学生的心智水平，以问题适度为原则。

（二）遵循启发诱导的原则

在高校数学教学中，数学问题情境的创设要符合启发诱导原则。启发诱导原则是人们根据认识过程的规律和事物发展的内因和外因的辩证关系提出的。教师要根据学生的实际情况，在与教材相结合的基础上利用通俗的形象、生动具体的事例，提出对学生思维起到启发性作用的数学问题，激发学生自主探索新知识的强烈愿望，激活学生的内在原动力，使学生在教师的启发诱导下，充分发挥主观能动性，积极主动地参与数学问题情境的探索过程。

在高校数学教学过程中，教师要善于创设具有启发诱导性的数学问题情境，激发学生学习兴趣和好奇心，使学生在教师所创设的数学问题情境中自主学习，积极主动地探索数学知识的形成过程，将书本知识转化为自己的知识，真正做到寓学于乐。

（三）遵循理论联系实际的原则

大学生学习数学知识的最终目的是应用于实际，数学知识来源于生活，数学知识也应该应用于生活。在高校数学教学中，教师要创设真实有效的数学问题情境，引导学生利用数学知识去分析问题、解决生活中的实际问题，使数学问题生活化，真正做到理论与实践相联系。与此同时，学生在具体的数学问题情境中去学习数学知识，带着需要去解决实际问题，这样不仅可以提高学生学习的主动性和积极性，而且可以使他们更好地接受新知识，让理论知识的学习更加深刻。

二、创设数学问题情境的方式

数学教学应体现基础性、普及性和发展性，使数学教学面向全体学生，实现人人学有用的数学，都获得必需的数学，不同的人在数学上得到不同的发展。因此数学教育要以学生发展为本，让学生参与学习。在倡导主动学习的今天，教师要为学生营造自主探索和合作交流的空间，充分调动学生的学习积极性，培养其创造性。

（一）创设问题悬念情境

情境即具体场合的情形、景象，也就是事物在具体场合中所呈现的样态。所谓问题情境是指个人觉察到的一种“有目的但不知如何达到”的心理困境。简言之，是一种具有一定困难，需要学生通过努力去克服，寻找达到目标的途径，而又力所能及的学习情境。所以问题情境应具有三个要素：未知的东西；“如何达到”；“觉察到问题”。数学问题情境就是数学教学过程中所创设的问题情境，创设问题情境就是构建情境性问题或探索性问题。情境问题是指教师有目的、有意识地创设能激发学生创造意识的各种情境，数学情境问题是以思维为核心，以情感为纽带，通过各种符合学生数学学习心理特点的情境问题，巧妙地把学生的数学认知和情感结合起来。

总之，问题情境的创设即是问题的设计，只不过是特定的问题。一个好的问题情境是数学教学的关键，也是支撑和激励学生学习的源泉。自古以来，问题被认为是数学的心脏。从心理学上讲，“思维活跃在疑路的交叉点”，即思维活跃是在于有了问题情境。创设数学问题情境一般有以下几种方法：通过生活、生产实例来设置；通过数学发展的历史、数学体系形成的过程来设置；通过数学故事、数学趣题、谜题来设置；通过设疑、揭露矛盾来设置；通过新旧知识的联系、寻找新旧知识的“最佳组合点”来设置；通过教具模型、现代化教学手段来设置。

（二）创设类比情境

类比推理是根据两个研究对象具有某些相同或相似的属性，推出当一个对象尚有另外一种属性时，另一个对象也可能具有这一属性或类似的思想方法，即从对某事物的认识推到对相类似事物的认识。

高校数学中有许多概念具有相似的属性，对于这些概念的教学，教师可以先让学生研究已学过的概念的属性，然后创设类比发现的情境，引导学生去发现，尝试给新概念下定义。例如，在讲授多元函数的导数时以二元函数的导数为例，可以和一元函数的导数联系起来，在讲授中可以先复习一下一元函数的求导，在求二元函数的导数的时候，把其中的一个自变量看作是常数，对另一个自变量求导的过程就和一元函数类似了。这样，新的概念容易在原有的认知结构中得以同化与构建，使学生的思维很自然地步入知识发生和形成的轨道，同时为概念的理解和进一步研究奠定基础。

（三）创设直观情境

根据抽象与具体相结合，可把抽象的理论直观化，不仅能丰富学生的感性认识，加深其对理论的理解，且能使学生在观察、分析的过程中茅塞顿开，情绪高涨，从而达到培养学生创造性思维的目的。如在讲解闭区间上连续函数性质中的零点定理时，单纯地讲解定理学生往往体会不深，对定理的含义也理解不透彻，这时教师可以举身边常见的例子加以讲解，比如冬天气温常常0℃以下，到了春天气温渐渐升到0℃以上，那么气温由0℃以下上升到0℃以上，中间肯定要经过0℃这个点，这个0℃就是所说的零点。

（四）创设变式情境

所谓变式情境就是利用变换命题、变换图形等方式激起学生学习的兴趣和欲望，以触动学生探索新知识的心理，提高课堂教学效率。如在讲授中值定理时，在学习完罗尔定理后，教师可以进一步指出罗尔定理的三个条件是比较苛刻的，它使罗尔定理的应用受到了限制，如果取消“区间端点函数值相等”这个条件，那么在曲线上是否依然存在一点，使得经过这点曲线的切线仍然与两个端点的连线平行。变化一下图形，可以很容易得到结论，那么这个结论就是拉格朗日中值定理。进一步地，如果有两个函数都满足拉格朗日中值定理，就可以得到两个等式，那么这两个等式的比值就是柯西中值定理。这样经过问题的变换一步步引出要讲授的内容，学生就可以很容易地接受新知识。

上述创设教学情境的方法不是孤立的，而是相互交融的。教师应根据具体情况和条件，紧紧围绕教学中心创设适合于学生思想实际、内容健康有益的问题和富有感染力的教学情境。同时，要使学生在心灵与情景交融之中愉快地探索、深刻地理解、牢固地掌握所学的数学知识。

当然，在高校数学教学中创设情境的方法还有很多，但无论设计什么样的情境，都应从学生的生活经验和已有的知识背景出发，以激发学生好奇心、引起学生学习兴趣为目标，要自然、合情合理，这样才能使学生学习数学的兴趣和自信心大增，才能使学生的数学思维能力和分析问题、解决问题的能力得到提高。

第三节　在高校中实施数学课程教学创新

在高校技术教育的大多数专业如电子类、计算机类、财经类、地质与测量类的人才培养方案中，数学既是一门重要的文化基础课，又是一门必不可少的专业基础课，对学生后续课程的学习和数学思维素质的培养起着重要的作用。

一、教学模式的创新

近年来，随着高等教育的蓬勃发展，部分从事高等教育研究的数学教育工作者对数学教学改革做了多方面的有益尝试，但由于人们对数学课在高校教育中所处的地位与作用认识不够到位，教学目标、教学内容、教学方法、教学模式、教学评价等基本上停留在普通专科的基础上，教学所使用的教材难以满足高等教育各学科和工程技术对数学的要求，鉴于这种现状，高校应采取如下改变措施。

（一）采用启发式教学，引导学生积极参与课堂教学

培养学生的学习技能及学习兴趣，只依靠教师在课堂的讲授是不行的。在课堂上，必须让学生亲身实践，让学生充分参与教学过程，使学生感受到自身的主体地位。例如，在介绍多元函数的偏导数概念时，可以启发学生与一元函数的导数定义进行比较来学习。一元函数的导数定义是函数增量与自变量增量比值的极限，刻画了函数对自变量的变化率。而多元函数的自变量虽然增加了，但是仍然可以考虑函数对某一个自变量的变化率。即在只有其中一个自变量发生变化，而其余自变量都保持不变，此时可以把它们看成常数的情况下，考虑函数对某个自变量的变化率，所以多元函数的偏导数就是一元函数的导数。这样，学生通过自己思考，再运用所学知识解决问题，使他们具有了数学知识的运用能力，并能够激发学习兴趣。

学习能力的培养是贯穿教学始终的关键问题。在课堂上，教师应重点在方法上进行指导，将着眼点放在挖掘和展现数学知识的思想方法及其应用价值上，注意调动学生的自学兴趣。例如，在讲解重要概念时，应结合概念的实际背景及形成过程，重点介绍概念所体现的思想方法的意义与作用。在教学中还应引导启发学生抓住对所学知识的阅读、理解、分析和总结环节，鼓励学生勤于动脑，进行创造性思维。

（二）注重使用多媒体辅助教学，提高教学质量

多媒体教学是集文字、图像、声音、视频、动画等多种元素于一体的现代化教学手段。在课堂上使用多媒体，通过三维图形、动画的展示，可以让学生更好地理解，有助于学生通过观察、归纳发现规律，帮助学生从感性认识过渡到理性认识，从而使枯燥的数学知识变得生动又有趣，增强教学效果，提高教学效率。但是，多媒体的使用，在一定程度上削弱了学生的空间想象能力与抽象思维能力。因此，多媒体只能是在一些时候辅助教师课堂教学，教师不能完全依赖多媒体教学。例如，在介绍极限的运算、导数的运算、定积分与不定积分等内容时，就不适合使用多媒体教学。

使用多媒体辅助教学时，教师还应注意与学生之间的互动关系。教师不能整节课都在操作台前用鼠标点来点去，将内容按照授课顺序单方面一味地展示出来，不给学生思考与想象的空间。这样，会抑制学生情感的释放，不能发挥学生的主体作用。因此，应将传统教学手段与多媒体结合起来，发挥它们各自的优势，相互补充，达到最佳的教学效果，提高教学质量。

二、改革教学内容，培养学生实际应用能力

高校的教学要“以应用为目的，以必需、够用为度”，要强调学生的动手能力。因此，数学选择的教学内容，首先应结合学生的专业，在不影响数学的系统性的原则上，适当删减内容。如电子与机电专业，应增加积分变换的内容，而一些经济类的专业，应增加概率统计的内容。在内容讲解时，也应突出实用性，降低理论要求，力求学不在多，学而有用。

数学实验是借助于现代化计算工具，以问题为载体，充分发挥学生的主体性的一门课程。在教学中，通过增加数学实验的教学环节，展示应用数学知识解决问题的全过程，不仅可以让学生感受到数学学习的意义、数学的巨大威力、数学的美，同时也可以激发学生学习数学的兴趣，训练学生的各种基本思维能力、推理分析能力。例如，可以让学生利用数学软件求导数、解微分方程、计算线性方程组等，使学生学会使用数学软件，并可以利用它来检验计算结果的正确性，达到由“学数学”向“用数学”的转变。

另外，在教学中重视数学建模思想的渗透，是数学教育改革的一个发展方向。数学建模是数学与客观实际问题联系的纽带，是数学与现实世界沟通的桥梁，它在本质上是一种训练学生的实验，而这个实验的目的就是让学生在解决实际问题的过程中学会运用数学知识的方法，运用数学模型解决问题的能力，并且将所学知识运用到今后的日常生活和生产中。在教学中，通过生动具体的实例渗透数学建模思想，构建建模意识，可以使学生在大量的数学问题中逐步领会到数学建模的广泛性，激

发学生研究学习数学建模的兴趣，提高学生实际运用数学知识的能力。

三、改善考核方式，建立科学的评判标准

以培养能力为指导思想的教学方法改革还必须有考核方式的相应改革来配合。在对学生进行评价时，应关注个体的处境，尊重和体现个体的差异，激发个体的主体精神，促使每个个体最大可能地实现其自身价值。为此，应采取多方位的考核、综合评定的方法，把考试和教学结合起来。不仅要考查学生平时的学习情况和对基本知识的理解与掌握程度，还应重点考查学生应用数学的能力。考核内容应包括：第一，平时成绩（占20%），包括课堂出勤、平时作业、课堂讨论、回答问题等方面；第二，开放式试题（占30%），这部分的考核主要以数学知识的实际运用题目为主，教师事先设计好题目，由学生自由组合，在规定的时间内完成，最后以实验报告或者小论文的方式上交评分；第三，闭卷考试（占50%），试卷内容及难度以考核学生对基本概念的掌握、基本运算能力为主，试卷不宜太深，按传统的考试方式，限时完成。这样，既可以考查学生对数学知识的理解情况，也可以提高学生的实际解题能力与数学知识的运用能力。

第四章　高校数学课程教育改革

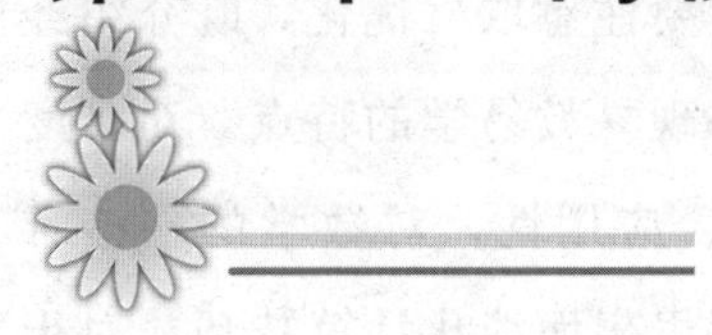

第一节　高校数学教学改革

一、教学改革的背景

数学即工程技术、经济研究中能用得上的数学，它是工程技术与数学相互交叉的一个新的跨学科领域，通常包括微积分、概率、统计、线性代数等，在工程技术与经济中的应用十分广泛，是学好专业课、剖析工程与经济现象的基本工具。

由于现代科学技术的进步，社会需要更多具有现代数学思维能力与数学应用意识的人才，无论是从时代发展的要求，还是适应经济生活改革的需要，高校数学教育都已经到了非改不可的程度。

二、教学改革的内容[①]

高等教育是职业教育的高校阶段，是另一种类型的教育。高校人才的培养应以“实用型”作为人才的培养目标。高校数学教育应将其作为专业课程的基础，强调其应用性、学习思维的开放性、解决实际问题的自觉性。

---

①王凤肆，滕吉红．高等数学课程教学执行计划［M］．上海：上海交通大学出版社，2018．

（一）数学教学方法的改革

注重教学实际需要，尊重易教易学的原则。为了缓解课时少与教学内容多的矛盾，应该恰当把握教学内容的深度与广度。各专业的数学课程教学要求基本相当，宜采用重点知识集中强化，与初等数学进行衔接、新旧结合的方法帮助学生学好新知识；要注意取材优化，既介绍经典的内容，又渗透现代数学的思想方法，体现易教易学的特点。对难度较大的理论，应尽可能显示数学的直观性、应用性，对数学的一些难点，如极限的内容，要重新审视，要重极限思想而淡化计算技巧。对于局部内容，要采用新观点、新思路、新方法，如局部线性化的方法。强调直观描述和几何解释，适度淡化理论证明及推导，以便更好地适合施教对象，同时还要适度注意数学自身的系统性与逻辑性。

（二）注重方法，凸现思想

数学思想是对数学知识和方法本质的认识，是学生形成良好认知结构的纽带，是由知识转化为能力的桥梁；数学思想方法是数学的精髓。因此，从一定意义上来说，学数学就是要学习数学的思想方法，要特别重视数学思想的熏陶和数学知识的应用。“做中学，学中悟，悟中醒，醒中行”能为广大读者带来学数学的轻松、做数学的快乐和用数学的效益。在数学教学中，要提示知识的产生背景，能使学生从前人的发明创造中获得思想方法。结合学生实际与专业的特点，引进和吸收新的教学方法，如案例式、启发式等教学方法，将数学建模与教学融合起来，充分调动学生学习的积极性。教给学生正确的思想和方法，无疑就是交给学生一把打开知识大门的钥匙。

（三）纵横联系，强化应用

学数学知识，归根结底是应用数学方法去解决实际问题。如不具备应用能力，那么只能在纯数学范围内平面式地解决问题。不能只注重纯而又纯的数学知识教学，还应重视数学知识的实际应用，如工程数学、金融数学、保险数学，让数学名副其实地带上知识经济时代的烙印。要纵横联系，强化应用，例如，定积分与概率密度函数，二元线性函数的最值与线性规划，最小二乘法与回归方程之间的联系与实际意义，这样可有效地化解教学难点，提高学生应用能力。

(四) 以问题为中心开展高校数学教学

高校数学教学应围绕“解决现实问题”这一核心来进行。注重学生应用能力的培养或强调高校数学在经济领域中的应用已成为各发达国家课程内容改革的共同点。我国在高校数学内容上遵循“实际问题—数学概念—新的数学概念”的规律，而西方国家在处理高校数学内容上则遵循“实际问题—数学概念—实际问题”的规律，显然二者归宿点不同。从问题出发，借助计算机，通过学生亲自设计和动手，能够体验解决问题的过程，从实验中去学习、探索和发现数学规律，从而达到解决实际问题的目的。数学实验课的教学与过去的课堂教学不同，它把教师“教授—记忆—测试”的传统教学过程，变成“直觉—探试—思考—猜想归纳—证明”的过程，将信息的单向交流变成多向交流。

要针对现代学生的身心特征，以问题为中心开展经济高校教学，选编学生身边的数学问题，例如，由彩票问题引出概率的概念，由规划问题引出方程组的概念，由工资表问题引出矩阵的概念，由企业追求最大利润或最小成本问题引出函数极值的概念，由计算任意形状平面图形面积的问题引出定积分的概念等。教学中，可以更多地告诉学生“是什么”“怎么样做”的知识，至于“为什么”，可以等到学生感兴趣时再去教。

(五) 注意引入现代计算机技术来改进教学

运用现代化的教学手段，不仅可以增大教学信息量，拓宽认知途径，还可以渗透数学思想，凸显数学美，因而运用多媒体教学具有重要的意义。为此，就要提高教师掌握现代教育技术的本领，使其能够制作多媒体课件，用直观的课件内容来描述需要做出的空间想象。另外，教师还要充分利用校园网和互联网，开展网上授课和辅导，实现没有“粉笔与黑板”的教学，做到化繁为简、化难为易、化抽象为具体、化呆板

为生动，实现以教师为主导、以学生为中心的教学方式，促进教师指导下的学生自主学习氛围和环境的形成。

（六）编写富有职业特色的数学教材

吸取国内外优秀教材的经验，选取由浅入深的理论体系，使课程易教易学。在国外，教材的编写充分体现面向实用、面向工科、而向经济学科的特点，多数数学知识应用的介绍以阅读方式出现，这些材料内容广泛，形式各异，图文并茂，有生动具体的现实问题，还有现代高校数学及其应用的最新成果。教材的每个章节，还安排与现实经济世界相结合，并有挑战性的问题供学生讨论、思考、实践，让学生感受到数学与经济学科之间的联系。高校数学教材的编写应借鉴国外经验，鼓励教师将最新研究成果、先进的教学手段和教学方式、教学改革成果等及时纳入编写的教材之中，力争使出版的教材内容新、数据新、体系新、方法新、手段新。

结合高校学生的特点，注重概念的自然引入和理论方法的应用，注意化解理论难点，便于学生理解课程中抽象的概念及定理，尽量弱化过深的理论推导和证明。在形式和文字等方面要符合高校教育教学的需要，要针对高校学生抽象思维能力弱的特点，突出表现形式的直观性和多样性，做到图文并茂，激发学生的学习兴趣。例如：降低微分中值定理的要求，用几何描述取代微分中值定理的证明；降低不定积分的技巧要求，适当加强向量代数与空间解析几何，以及多元函数微积分的部分内容，较好地满足专业课对高校数学的要求。

结合工程、经济管理类等专业的特点，广泛列举在工程经济方面的应用实例。数学概念尽可能从工程、经济应用实例引出，并能给出经济含义的解释，使学生深刻理解数学概念，建立数学概念和工程、经济学概念之间的联系，逐步培养工程、经济管理类学生的数学思维方式和数学应用能力。配备贴近现实生活和工程、经济管理学科方面的生动的习题。例如，概率统计在经济领域的最新应用成果；二项分布在经济管理中的应用；损失分布在保险中的应用；期望、方差在风险决策或组合投

资决策方面的应用。

将数学建模的思想与方法贯穿整个教材，重视数学知识的应用，培养学生应用数学知识解决实际问题的意识与能力。以数学的基本内容为主线，重点讨论工程、经济管理学科中的数学基础知识，将数学与工程、经济学、管理学的有关内容进行有机结合。例如，在微积分中，要以函数、极限、连续、导数、积分、级数、微分方程、差分方程为主线，以简单的经济函数模型、复利和连续复利、边际、弹性（交叉弹性）、经济优化模型、基于积分的资金流的现值和将来值（以连续复利为基础）、基于级数的单笔资金的现值和将来值、经济学中各种基本的微分方程和差分方程模型的建立和求解为次线的课程体系，突出微积分的基本方法——逼近方法、元素法、优化方法及其经济应用，适当介绍工程、经济、金融、管理、人口、生态、环境等方面的一些简单数学模型。

设计实验课题。在计算机相当普及和计算机技术日益发达的情况下，高校数学教材要配置计算机应用软件，这样既可以让学生掌握运用计算机处理问题的能力，也可以缓解内容充实与课时不足的矛盾。结合数学实验 Matlab 软件在高校数学中的应用，把数学软件的使用融合进教材，尝试将高校数学的教学与计算机功能的利用有机结合起来，有利于提高学生使用计算机解决数学问题的意识和能力。

第二节　高校数学的教学内容与模式改革

数学课程是高校一门重要的公共基础课程，它不仅为学生学习后继课程和解决实际问题提供了必不可少的数学基础知识和数学思想与方法，而且也为培养学生思维能力、分析解决问题的能力和自学能力以及为学生形成良好的学习方法提供了不可多得的素材。随着科学技术及其他学科的发展，数学应用的广泛性与可能性在不断扩大，数学的地位在不断提高。国内外的许多高校都在高校数学的课程改革方面做了深入的研究，提出了许多宝贵的意见和改革方案，这对高校数学课程的发展有重要的意义。

一、教学内容由理论数学到应用数学的改革

高校数学课程的教学改革应该从高校教育特定的培养目标出发，重视基本知识与基本理论的学习与讲解，注重与专业的结合，使教学内容更好地与专业相联系，为后继专业课程服务。

二、改进教学方法与教学手段，提高教学质量

在教学过程中，对高校数学课程教学采用研究型教学法，改变“传授式”教学模式，真正把学生作为教学的主体，引导学生去思考、去探索、去发现，鼓励学生大胆地提出问题，激发学生的学习兴趣，增强学习的主动性。在授课过程中，多采取学生易于接受的授课方式，如让学生自学、进行课堂提问和讨论，让学生到黑板上做题和讲解等，这些对于丰富课程教学方法、激发学生的学习兴趣都是很有利的。

同时，每学期不定期地布置几道和专业相结合的简单的数学建模方面的题目，让学生在课余时间分组完成，以论文的形式交给任课教师批阅。当然，任课教师也可以和专业课教师一起批阅，发现论文中的闪光点。教师可以从中选取独特的解题方法教给学生，这比教师讲题更引人入胜，必要时可让学生讲解自己的解题思路。这样，学生在学习知识的同时，也在领悟一种思维方法，学生学到的知识不仅扎实，而且能够举一反三，运用自如，体验到学习的乐趣所在。

另外，组织数学课外兴趣小组，小组成员可以经常在一起讨论学习过程中遇到的难题，及时向教师反映学习情况，讨论数学建模的方法与思路。这对调动全班学生学习数学的积极性和培养一支优秀的数学建模队伍都是很有帮助的。

在计算机技术迅猛发展的今天，在课堂教学中，将传统的教学模式与多媒体教学结合起来，通过多媒体课件将抽象的概念、定理通过动

画、图像、图表等形式生动地表示出来，这样既易于学生理解和掌握，又解决了数学课堂信息量不大的难题，形成了数学教学的良性循环。

数学实验也是数学教学的一种全新的模式，是一种十分有效的再创造式数学教学方法。数学实验有助于学生探究、创新能力的培养，加强数学交流，培养合作精神，强化数学应用意识。

三、考核方式的改革

考试作为督促学生学习、检验学习情况的有效手段，是必不可少的。因此，对考核方式进行逐步的改革，加强对学生平时学习的考核力度很有必要。在教学过程中，对学生的到课情况和平时作业的完成情况进行考核，分别占有一定的比重，另外，学生在学习过程中完成的数学小论文也列在考核范围之内。这样就降低了期末考试在数学课程成绩中所占的比重，避免学生学习前松后紧和期末考试定成败的局面，减轻了学生期末考试的压力，从单纯考核知识过渡到知识、能力和素质并重。

四、高校数学的教学内容与课程体系改革初探

数学是理工科类各专业一门必修的基础理论课，在高等教育大众化的形势下，由于其高度的抽象性，学生学起来比较困难。此处从教学内容、课程体系、教学方法等方面探讨数学教学改革的重要性，以及如何进行数学的教学改革，如何提高教学质量和学生学习兴趣等问题。

数学是高校理、工、医、财、管等各类专业的一门基础理论课，其涉及面之广仅次于外语课程，可见该课程之重要。随着现代科学技术的飞速发展和经济管理的日益高度复杂化，高校数学的应用范围越来越广，正在由一种理论变成一种通用的工具，高校数学的教学效果直接影响着学生的思想、思维及他们分析和处理实际问题的能力。如何改进教学内容、优化教学结构、推进教育改革向纵深发展，使学生在有限的课时内学到更多、更有用的知识，是新的时代背景下我国高校数学教学改革的一大课题。结合我国高校的实际情况，数学教学改革应该从以下几

个方面进行。

（一）优化教学内容，改进教学方法

基础理论课的教学应该以“必需、够用”为度，以掌握概念、强化应用为重点，这是改革的总体目标。一般高校培养的大多是生产一线的员工，因此，数学教材应是在“以应用为目的，以必需、够用为度”的原则上编写的，必须强调理论与实际应用相结合。教学中应尽量结合工程专业的特点，筛选数学教学内容，坚持以“必需、够用”为度。多介绍数学特别是微积分在专业中的应用；多出一些有工程专业背景的例题、习题；多一些理论联系实际的应用题；多开展一些课堂讨论以利于调动学生的学习主动性和创造性。通过以上一系列手段或方法的运用，调动学生学习数学的积极性，提高对高校数学课程重要性的认识，逐步培养他们灵活运用数学方法去分析和解决实际问题的能力。

（二）紧跟时代步伐，采用多种教学方法

计算机的出现使人们的科研、教育、工作及生活均发生了重大转变。电子计算机的强大计算能力使数学如虎添翼：过去手算十分困难和烦琐的数学问题，现在用计算机可以轻而易举地解决；过去许多数学工作者津津乐道的方法、技巧，在强大的计算机软件系统面前黯然失色。当前，如何使用和研究计算机推进数学科学发展，深化数学教学改革，是新的时代背景下数学教学内容、教学方法、教学手段的改革和实践的一个新课题。因此，应当把计算机软件引进数学教材，引入高校数学的课堂教学中。正如汽车司机不必懂汽车制造技术一样，只要能开车，照样能发挥其巨大的作用。有了计算机软件系统和“机器证明”方法，教学过程中繁重的演算方法减少了，还可以引入新的数学知识和数学方法，扩大学生的知识面。同时，概念的教学将会加强，数学建模能力将更重要，创新能力的培养将更突出，传统的教学内容和教学方法将逐步改变。

（三）以学生为中心，着重创新能力的培养

培养创新能力是21世纪教育界的一大课题。因此，必须在数学教

学中强调培养学生的创新意识和创新能力。培养学生的创新意识和创新能力不仅可以活跃课堂气氛，而且有利于激发学生的学习热情。数学本身包含着许多思维方法，如从有限到无限、从特殊到一般、归纳法、类比法、倒推分析法等，其本质都是创造性思维方法。首先，必须培养学生对实践的兴趣。作为学生，应该有从丰富的日常生活和工程实际中发现问题、研究问题、解决问题的兴趣。在这里，引入数学建模的思想与方法是十分有用的。今天，在科学技术中最有用的数学研究领域是数值分析和数学建模。数学建模就是对一般的社会现象（如工程问题）运用数学思想，由此及彼，由表及里，抓住事物的本质，培养学生的创造性思维，运用数学语言把它表达出来，即数学模型。而在建模过程中需要用到计算机等其他学科的知识，对那些实际问题在一定的条件下进行简化，并与某些数学模型进行类比联想，增强综合运用知识和解决实际问题的能力。在数学建模过程中学生能够经历研究实际、抓住事物的主要矛盾、建立数学模型、解决问题的全过程，从而提高对实践的兴趣。因此，首先，在数学教学中应介绍数学建模的思想、方法。其次，在数学教学中，向学生传授科学的思维方法，应成为数学教师的一项特别的工作，成为数学教师的教学任务和教学内容。

高校数学的改革是一项十分复杂的系统工程，而面向21世纪高校数学的教学内容和课程体系、教学方法和教学手段的改革，值得探讨的问题还有很多。

五、文科数学教学内容改革初探

数学教育在大学生综合素质的培养中扮演着十分重要的角色。近年来众多高校的非经济管理类文科都开设了数学课程，文科高等数学教学改革是提高学生素质的重要工作。

文科高数开设刚起步的院校，在教材选择、教学内容、教学方法上，都需要进行不断的探索和改进。文科高数的内容和结构如何突破传统的数学课程，使其具有明显的时代特征和文科特点；怎样把有关数学史、数学思想与方法、数学在人文社会科学中的应用实例等与有关数学的基本知识相融合，使其体现文理渗透，形成易于为文科学生所接受的教材体系是值得认真研究的。

（一）文科数学教学的目的和要求

数学作为一门重要的基础课，对培养人才的整体素质、创新精神，完善知识结构等方面的作用都是极其重要的。因此开设文科数学的目的和要求有以下两点：一是使学生了解和掌握有关数学的初步的基础知识、基本方法和简单的应用；二是培养学生的数学思维方式和思维能力，提高学生的思维素质和文化素质。

在这两方面中，前者可以提高文科大学生的量化能力、抽象思维能力、逻辑推理能力、几何空间想象能力和简单的应用能力，为学生以后的学习和工作打下必要的数学基础。后者是前者的深化，通过数学知识的学习过程，学生可以培养数学思维方式和思维能力，提高思维素质，培养学生“数学方式的理性思维”，这些对提高他们的思维品质、数学素质有着十分重要的意义。

高校学生应做到精文知理，努力把自己培养成应用型、复合型的高素质人才。另外，从现实生活来看，一个人也要有一定的观察力、理解力、判断力等，而这些能力的大小与他的数学素养有很大关系。当然，学习数学的意义不仅是使数学可以应用到实际生活中，而且是进行一种理性教育，它能赋予人们一种特殊的思维品质。良好的数学素质可以促使人们更好地利用科学的思维方式和方法观察周围的事物，分析并解决实际问题，提高创新意识和能力，更好地发挥自己的作用。

（二）文科数学教学内容改革的原则

对文科学生来说，数学教育不是为了培养数学研究者，主要是让他们掌握数学思想和数学思维方式。

1. 知识的通俗性原则

文科数学所涉及的知识要使学生易于接受，数学既是一种强有力的研究工具，又是不可缺少的思维方式。文科数学不能像理工科那样要求

有高度抽象的理论推导，在不失数学严谨性的情况下，照顾文科学生的特点，做到严谨与量力相结合。

2. 教材的适用性原则

学习的数学知识对文科学生来说应既具有一定的理论价值，又具有一定的实用价值，要真正使学生能够掌握数学运算的实用性理论和工具，如统计数据的处理、图表的编制、最佳方案的确定等，使文科学生成为合格的理智型人才，更好地适应社会的需求。

3. 内容的广泛性原则

文科高数应当是包含众多高数内容在内的一门学科，是对文科学生进行以知识技术教育为主，同时兼顾文化素质和科学世界观、方法论教育的综合课程。内容选取上像微积分、线性代数、概率统计、微分方程等初步知识，应是文科大学生熟悉并初步掌握的。

4. 相互联系的非系统性原则

数学是一门逻辑性很强的学科，每一分支的内容都具有较强的系统性和逻辑性。但文科高数受学习对象及实际需要的限制，其内容之间存在一定的相互联系，但非系统，所以应把它作为一门文化课来看，不必追求系统和严密，目的是让学生学会用高数的方法思考和处理实际问题。

（三）文科数学教学内容的探索

文科数学的教学目的是提高大学文科生的数学素质，所以在选取教学内容的时候，教师应尽量体现数学在文科学习中的地位，使其适合文科学生的特点和知识结构，将知识、趣味、应用三者有机地结合起来。语言通俗易懂，便于学生阅读；内容相对浅点，知识覆盖面大点；让学生掌握活的数学思想、方法和基本技巧。教师既要使学生学会，又要使学生真正理解数学思想的精妙之处，掌握数学的思考方式，使其具有良好结构的思维活动，具有科学系统的头脑，提高综合应用能力。如微积分的内容可有函数、一元函数微分学、积分学；线性代数的内容可包含行列式、矩阵、线性方程组等；概率的内容有随机事件及概率、随机变量及分布、随机变量的数字特征。除这些内容外，通过阅读材料还适当增加一些数学思想方法、数学文化等方面的知识，让文科学生对数学有更广泛的理解。

对各部分内容的处理，改变传统的教学方式。如极限定义改变以往过多讲述、分析的做法，通过实例描述定义，使学生充分理解极限思想方法的实质，了解其思想方法的价值，真正体会极限思想的重要性和广泛性；对中值定理的推证，突出几何特征的说明，通过分析，减少了抽象性，加强了直观性，以拉格朗日定理为主线，使学生理解几个中值定理之间的关系。线性代数主要阐明矩阵与行列式、矩阵运算与线性方程组之间的联系与区别，行列式计算只要求掌握简单的方法，降低运算的难度和分量，加强矩阵在解线性方程组的作用和典型例子解法思路的分析，等等。这样处理可使学生学得好一点，真正提高教学效果。当前是信息技术发展迅速的时代，计算机技术的发展为数学提供了强大的工具，使数学的应用在广度和深度上达到了前所未有的程度，促成了从数学科学到数学技术的转化，成为当今高科技的一个重要组成部分和显著标志。数学教育必须跟踪、反映并预见社会发展的需要，高校文科的数学教育也应如此。文科学生选学一些适当的数学实验，通过亲自动手，可以提高对数学的兴趣，有助于培养数学的素质。

第五章　高校数学教育教学实践

第一节　数学教学在社会学上的应用

一、数学教学与学生的社会化

(一) 数学教学的社会化功能

教育社会学认为，“个人接受其所属社会的文化和规范，变成社会的有效成员，并形成独特自我的过程”称为社会化。教育与社会化之间的关系是“社会化是一般性的非正式的教育过程，而教育乃是特殊性的有计划的社会化过程”。在今天看来，现今社会的有效成员不仅要接受社会文化和社会规范，而且还要突破某种文化和规范的限制进行创造性的思维和实践。

教学作为学校教育的主要方式，当然也具有这种社会化功能，它是一种特殊的、有计划的社会化过程。通过教学，使学生接受社会文化和社会规范，并进行创造性的思维和实践，同时形成自己的个性。

社会化过程是有条件的。一个人的社会化进程取决于这个人的个体状况，其所处的环境状况，以及个体与环境的交互作用的状况。个体身心发展状况是个人社会化的基础；环境对个人社会化进程有巨大的影响，其中，给人以最大影响的社会文化单位是家庭、同辈团体、学校和大众媒体。

从学校教育的社会化功能这一角度来说，数学教学既是一种科学教育，也是一种技术教育，同时还是一种文化教育。

（二）社会化的机制——认同与模仿

数学教师主要在课堂教学过程中展现他的形象与气质，如果其外部形象整洁、精神、落落大方，对待学生和蔼可亲、要求严格而合理，言谈举止很有风度，那么作为范型，便能够补偿学生自身特质的不足，使学生产生认同作用，无意地采取教师的行为方式；或者产生模仿作用，有意地再现教师的行为方式。因此，把数学及其教学作为审美对象的数学教学艺术，有利于树立正面的范型，使学生产生认同或模仿，易于在传播数学知识的同时，使学生接受社会认可的行为、观念和态度，起到社会化的作用。

二、数学教师的社会行为问题

教育的社会化功能主要是指学生的社会化，但是学生的社会化要求教师的社会化。教师的社会化归结为个人成为社会的有效教师，即合格教师的这一关键问题上来。教师社会化的过程一般分为准备、职前培养和在职继续培训三个阶段。准备阶段是普通教育阶段，对教师的社会形象有个初步了解。职前培养通常在师范院校或高校的教育专业进行，这是教师社会化最集中的阶段。在这个阶段，教师的知识技能、职业训练以及社会角色和品质，通过教育习得。在职继续培训是在做教学工作的同时继续社会化，是臻于完善的时期。

（一）与学生沟通的艺术

教学是一种特殊的认知活动，师生双边活动是这种认知活动的特殊性的表现之一。数学教学活动顺利进行的起点是数学教师与学生相沟通，因此，讲究与学生沟通的艺术是数学教学艺术对教师社会行为的首要条件。

沟通的基本目的是了解，毫无了解必难以沟通。因此，应当在对学生基本了解的情况下来沟通。在学生入学或新任几个班的数学课时，通过登记簿、情况介绍等了解学生的自然情况、学习情况、身体情况、思想状况，尤其是学生的突出特点、个人爱好，做到心中有数。这种了解是间接了解，在学生跟教师第一次个别接触时就使他认为教师已经了解了他的基本情况，比通过直接接触才了解要好得多。如果第一堂课便能叫出全班学生的名字，学生便会产生一种亲切感。

教师对学生具有双重角色，既是“师”，作为学生认同或模仿的模式；又是“友”，作为学生平等合作的伙伴。“师”的角色是显然的，师生在沟通中学生明显地知道这一点；而“友”的角色却是隐蔽的，只有在沟通中使学生具有平等感，学生才能逐步认可。交谈式的沟通，师生相互谈自己的情况，捕捉感兴趣的共同点，在了解学生的同时，学生对教师也有所了解，才能建立一种师生间的伙伴关系。

教师在教学情境中应尽量避免伤害学生的感情。如果学生做错了题，不能表现出蔑视的眼神或动作，而应当用友好的表情暗示对方做错了；也可以用手指着对方错的地方说：“你再仔细看看”。如果学生听课时在做别的事，应当避免在课堂上单独指出，可以泛指，但眼睛别盯着学生，让大家注意听讲即可；也可以课后单独友好地询问他是什么原因上课溜号。一定要指出学生的错误，也尽量不用指责的语言，而用中性的语言，比如“可能学习基础不好”之类。

（二）赞赏与批评的艺术

赞赏与批评是特殊的沟通，它们是通过教师对学生行为的评价来进行的沟通。赞赏是教师对学生的良好思想、行为给予好评和赞美，批评则是对受教育者的思想行为进行否定性评价。

赞赏的恰当与否对沟通会起到不同的作用，恰当的赞赏起着积极作用，恰当的赞赏是肯定学生的合乎社会规范的行为，但不涉及学生的个性品质，如果一个学生创造性地解决了一个数学问题，教师说“你这个方法真巧妙，很好”，就是恰当的赞赏。赞赏的区别在于“对事不对人”，具有这种赞赏艺术修养的是对学生行为客观、公正的态度。一般说来，学生虽未成年，但也有憎爱情感和矛盾感。因此，赞赏的根据是

“事”，而不是做出此事的“人”。对事的赞赏就不必涉及个人的品质，对待个人品质的评价必须谨慎。教师对学生在亲近程度上会有远近，有的可能喜欢些，有的一般，另一些可能相对比较厌烦。可是在赞赏时切不可从这种感情出发。

与赞赏相反的是批评，批评是对学生思想或行为的否定性评价。批评的恰当与否对沟通也会起到不同的作用，批评要具体，尽量避免笼统的批评。

(三) 课堂管理的艺术

课堂管理是顺利进行教学活动的前提。它的目的是及时处理课堂内发生的各种事件，保证教学秩序，把学生的活动引向认知活动上来。

疏导的手段有两种控制力量在起作用，一种是学生自我约束的内在控制，另一种是课堂纪律的外在控制。学生的自我约束是在明确了学习目标、为完成学习任务而进行的自我调节活动，把自己的行为控制在有利于完成学习任务的范围以内。课堂纪律则是从反面对影响学习活动的行为的限制。教师的疏导就是将不利于学习的行为引导到有利于学习的行为，把纪律的合理性与学生的自我约束统一起来。常规管理的根本目的是发展学生的自我约束能力，只有将纪律转化为学生的自我控制力，把“他律”转化为“自律”，管理才能有效。

三、师生关系

(一) 善于组织班级

教师面对的学生首先是学生的班级与各种同辈团体，其次才是学生个人。班级与同辈团体不同，班级是学校的正式组织，而同辈团体则是非正式的。处理好师生之间的人际关系首先要处理好教师与学生班级间的关系。

教育社会学认为，班级是由辅导员、专业教师和学生两种角色组成的，通过师生相互作用的过程实现某种功能，以达到教育、教学目标的一种社会体系。这种社会体系有社会化功能和选择功能；有人提出还有保护功能，我国有人提出还有个性化功能。社会化功能是指培养学生服从于社会的共同价值体系、在社会中尽他一定的角色义务等责任感，发展学生日后充当一定社会角色所需的知识技能；选择功能是指根据社会需要在社会上找到他所选择的位置以及社会对人的选择；保护功能是指对学生的照顾与服务；个性化功能是指发展学生个体的个性生理心理特征。

数学教师与学生班级之间是通过数学教学活动相互作用构成一个整体的，是通过数学知识、技能的传递培养学生充当一定社会角色的能力，为学生适应社会选择以及发展个性和生理、心理特征相互作用的。熟练的数学教学技艺和创造性的数学教学，不仅生动形象地传递数学知识与技能，而且表现了数学美和数学教学美，使数学教学具有感情色彩，给学生适应社会选择创造必备的条件。对一般学生而言，数学教学艺术能够培养学生学习数学的兴趣，以形式化、逻辑化的数学材料完善其认知结构。对于特殊爱好数学的学生而言，数学教学艺术能够提高他们的形式化、逻辑化思维水平，促进其心理发展。反过来，必要的认知结构也符合社会共同的价值体系，在普及义务教育的条件下更是这样。较高的形式化、逻辑化的思维水平也便于进行社会选择，因此，数学教学艺术有利于发挥班级作为社会体系的功能。

教育社会学还认为，影响班级社会体系内部行为有各种因素，具体包含两个：一个是体现社会文化的制度因素，另一个是体现个体素质与需要的个人因素。因此，教学情境中班级行为的变化相应地有两条途径：一条是人格的社会化，使个性倾向与社会需要相一致。另一条是社会角色的个性化，使社会需要与学生个性特点、能力发展等相结合。这两条途径的协调，取决于教师的“组织方式”，即教师在组织班级活动时的方式。“问题是数学的心脏”，以问题带目标，以目标体现社会化要求。同时，问题及目标应当合理，合乎班级学生的认知水平，才能为学生全体所接受。每一个学生都要认同教学目标，将这些教学目标变成数学学习需要的一部分。

（二）正确引导学生的同辈团体

在学校中，学生个体除了受到教师等成人环境的影响以外，还要受到同辈环境的影响。同辈团体是指在学生中地位大体相同、抱负基本一致，年龄相近而彼此交往密切的小群体。学校中学生的同辈团体虽然不是正式的社会组织，没有明令法规和赋予的权利、义务；但是学生在同辈团体环境中地位平等，又有自己的行为规范特征和价值标准，因而有相对于社会文化的亚文化。但这种亚文化不像校风、班风那样的亚文化，它有时与学校的主流文化一致，有时又与之相悖。

数学教师应当在教学情境及学校活动中正确引导学生的同辈团体，巧妙地施加影响，正确发挥同辈团体的功能，引导其向有利于数学教学的方向发展。主要有这几方面：第一，虽然同辈团体的亚文化有时与社会行为规范和价值标准相背离，但是它依然能够反映出成人社会的特征。学生可以通过同辈团体学习成人的伦理价值，诸如竞争、协作、诚实、责任感等标准。所以，只要数学教师友善地对待他们，就可以巧妙地对其加以利用。第二，同辈团体具有协助社会流动的功能。学生来自社会各阶层的家庭，例如工人、农民、干部、知识分子等家庭，受家庭或社会的影响，学生可能有获得较高社会地位与较低社会地位的志愿，而学生同辈团体可以因各种原因而接纳不同家庭背景和不同志愿的学生。这样，同辈团体有助于改变家庭的影响与社会地位。前面说过，对数学感兴趣的学生一般并不能形成同辈团体，但并不是说一定不能形成这样的团体。事实证明，我国广泛组织起的“数学课外小组”或类似的学习小组，能够在其他同辈团体之外建立起来。不过，多数取决于数学教师的努力。数学教师在与学生相互沟通的基础上取得学生的同意，可以建立起这样的小组。不同家庭背景、不同志愿，甚至不同学习基础的学生被吸收进这样的小组，可以形成超越家庭背景、志愿高低，甚至学习基础的影响。第三，同辈团体的成员往往把同辈人的评价作为自己行为的参照系，这就是同辈团体作为一种参照团体的功能。研究表明，聪明、有智慧、学业优异的学生不一定能在同辈团体中享有威望，这就说明同辈团体成员不一定把学习好作为自己行为的参照系。而体育运动好、外表俊美潇洒、长于某种技能的学生可能成为同辈团体的楷模。有的学生宁愿受到孤立而乐于学习，或者这样的学生可形成独立于其他团体的小团体。

（三）师生的交互作用

教师与学生在数学教学情境下相互交流信息与感情，相互发生作用。探讨数学教学艺术与师生交互作用的关系，就要掌握师生交互行为、师生交互方式、师生交互模式、师生关系的维持等对数学教学的意义。

教学过程分为三个阶段，每个阶段两步，以便分别研究教师的行为在不同阶段对学生行为的作用。第一阶段是教学的前阶段，第一步，问题的引起与提出，第二步，了解问题的重要性；第二阶段是教学的中阶段，第三步，分析各因素间的关系，第四步，解决问题；第三阶段是教学的后阶段，第五步，评价或测量，第六步，应用新的知识于其他问题并作出解释。

在教学的前阶段，教师的直接影响即教师的第五类至第七类行为会使学生的依赖性增加，而且学生成绩降低；反之，教师的间接影响即教师的第一类至第四类行为会减少学生的依赖性，而且学生成绩提高。在教学的后阶段，教师的直接影响不至于增加学生的依赖性，而会提高学生成绩。

数学教学过程中，教师应善于运用对学生的直接影响和间接影响，在教学过程的不同阶段恰当地施加不同的影响。无论是概念教学、命题教学还是问题解法教学，在导入新课和进行教学目标教育的第一阶段，应当运用教师对学生的间接影响，接受学生的感受并利用学生的想法，赞赏学生的有益意见或者提出问题让学生回答。这样来减少学生对教师的依赖，激发其学习动机，增强其学习的主动性。但是，在评价、训练或强化教学的教学后阶段，则可以对学生施以直接影响，进行讲解和指令。对于教学的中阶段，即分析问题和解决问题的阶段，应依具体情境交替施以直接影响或间接影响。这个阶段比较复杂。若这个教学阶段有前一阶段的性质，就是说虽然是分析解决问题，但具有了解问题的性质，则类似于第一阶段；若这个教学阶段有后阶段的性质，就是说虽然是分析解决问题，但具有评价的性质，则类似于第三阶段。

教学目标是教育目标在教学领域的体现，它同时成为学生的学习目标和课程编订的课程目标。教学目标既有社会要求，又要促进学生的身心发展。在教学计划体系中，教学目标主要在教学大纲中规定。因此，作为师生教学活动出发点和归宿的教学目标，是维持师生关系的纽带。数学教师不仅要根据教学大纲的规定深入研究课本上的教学内容，将规定的教学目标分解成各节课堂教学的具体目标；还要根据教学班学生认知发展的实际，将目标的提出合理化，为所有的学生认同。

数学教师在课堂教学中应当依靠自己的领导方式促进正常的班级气氛。在教学中遇到困惑的时候，如果仍然能坚持民主方式，那么其与学生的关系常会得以维持。

第二节　数学教学的语言应用

一、数学语言与数学教学语言

（一）数学语言

数学语言是科学语言，是为数学目的服务的。几乎任何一个数学术语、符号都有它一段漫长而曲折的历史就说明了这一点。因而它与日常用语有着深刻的历史渊源，数的书写就是一个例子。

数学符号与其他语言都是用来表示量化模式的。它是数学科学、数学技术和数学文化的结晶，是认识量化模式的有力工具。从这个角度说，数学教学就是传播数学语言，培养学生使用数学语言的能力，提高学生用数学语言分析和解决问题的能力。因而数学语言具有自己的特点，这些特点主要表现在两个方面。

第一，它是特定的语言，是用来认识与处理量化模式方面问题的特殊语言，虽然自然语言包括日常用语与科学用语，数学语言属于科学用语，但它与其他的诸如哲学、自然科学、社会科学、行为科学、思维科学等有所不同。这种特定语言的特定性并不妨碍其广泛使用。

第二，它是准确的，具有确定性而少歧义。俗语说“一就是一，二就是二”是说该是什么就是什么，用数字“一”“二”来表达这个意思就说明数学语言的确定性。日常用语的语音、词汇和语法都会随着语言环境的不同而有多种解释，甚至在一些社会科学中如教育学中的许多用语都是这样。

（二）数学教学语言

数学教学除了运用数学语言以表现数学教学内容以外，还运用数学教学语言。如前所述，数学教学语言有日常用语和数学教学用语，它们在数学教学中的作用是不同的。数学教学用语主要是用来将数学语言“转述”成学生所熟悉的语言，以增强数学语言的表现力；而数学教学中的日常用语主要用来进行组织教学，使教学活动顺利进行。

人类学家和语言学家认为，任何语言（包括地方方言）都能够表达特定社会所需要表达的任何事物。但是，用某些语言来表达特定的事物需要“转述”。数学语言是一种特殊语言，向学生表达数学事实和数学方法时需要将数学语言转述成学生的语言。学生的语言是已经为学生内化了的语言，用它来转述数学语言能使数学语言内化，从而使数学语言所表现的数学内容内化为学生的认知结构。

数学教学中教师所使用的日常用语是用来进行组织教学的。组织教学是教学的组织活动，保持教学秩序，处理教学中的偶发事件，将学生的行为引向认识活动上来的控制与管理。为了组织教学，教师常要向学生发出一些指令、要求。日常用语应当是学生明白的语言，不需要再转述。

二、学生的言语发展与数学教学

（一）言语与思维

在语言学和心理学中，为了研究人类尤其是学生的思维发展和语言发展，把个体在运用和掌握语言的过程中所用的语言称为“言语”。如果把某民族的语言归结为社会现象的话，那么个体的言语就是一种心理现象、个体化的现象，这种现象是在个体与他人进行交际时产生的。一个人用汉语与人家说话，说的“语”是汉语；所说的“话”（言）就是这个人的言语。说出来的“话”（言语）是汉语（语言）的使用和掌握，是个体对语言的掌握。简单地说，言语就是说话，是用语言说话。

思维是人的心理现象。它与注意、观察、记忆、想象等其他心理现象的区别是它具有创造性，创造性是思维的特征。学者依据思维的创造性的高低将思维分为再现性思维和创造性思维。再现性思维的特征是思维的创造性较低，这种思维往往在主体解决熟悉结构的课题时产生；创造性思维是获得的产物，有很强的新颖性，这种思维往往在主体遇到不熟悉的情境中产生。这两种思维的区分不是绝对的。任何思维都有创造性，再现性思维是创造性思维的基础，没有在熟悉的情境中的规律性认识，在不熟悉的情境中难以有什么创造。因而，任何思维都是再现性思维与创造性思维的结合。从心理学的观点看来，科学家和学生的创造性思维没有什么区别，科学家发现规律与学生的发现性学习有着共同的心理规律，但他们探求新规律的条件不同。科学家进行探求的条件是非常复杂、多样的真实现实。而学生在学习中探求接触的不是现实条件而是一种情境，在这种情境中许多所需要的特征已被揭示出来而次要的特征都被舍弃了。因而，学者将科学家的创造性思维叫作独创性思维，将学生的创造性思维叫作始创性思维。

（二）学生的内部言语与数学教学

言语有口头语言与书面语言两种形式。言语除了外部语言以外还有内部语言。口头语言是口头运用的语言，书面语言是用文字表达的语言，口头语言和书面语言又叫作外部语言。

内部语言是个体在进行逻辑思维、独立思维时，对自己的思维活动本身进行分析、批判，以极快的速度在头脑中所使用的语言。内部语言比起口头语言和书面语言，主要有以下特点：第一，内部语言的发音是隐蔽的，有时出声有时不出声。逻辑思维水平低的学生可能出声，逻辑思维水平高的学生则不出声。虽不出声，却在头脑中“发声”，这一点可由唇、口、舌等电流记录证明。即使出声也与口头语言不同，不那么响亮、连续，近乎嘟嘟囔囔，时隐时现。第二，内部语言不是用来对外交流，而是用来对自己要说的、要做的进行思考，对自己活动的分析、批判。当它有一定成熟意思后才表现为口头语言或书面语言，是“自己对自己说话”。在学生答题、做题、写文章的过程中会观察到这种内部语言活动。因此，它不像口头语言、书面语言那么流利，有时有些杂乱。内部语言“说”得很快，很简洁，只是口头、书面等外部语言的一些片段。外部语言表达的意思通常完整，以句为单位，而内部语言却往往通过一个词或短句来表达同一个意思。因此比起外部语言来内部语言“说”得很快。在头脑里用内部语言打成的“初稿”到了外部说或写的时候就要扩大许多倍。

内部语言具有与口头语言、书面语言不同的上述特点，使其居于更重要的地位。那就是内部语言是口头语言、书面语言的内部根源，是逻辑思维的直接承担者和工具，逻辑思维通过内部语言内化。内部语言不仅是逻辑思维的物质基础，而且是思维发展水平的标志。

内部语言是外部语言的根源，它与逻辑思维有更直接的联系，因此要注意学生内部语言能力的培养。数学教学通过发展学生的内部语言内化数学语言来发展学生的逻辑思维进而发展直觉思维。为此，数学教师应当对学生的内部语言采取正确的态度，鼓励并引导学生大胆用内部语言进行数学思维，努力用正确的口头语言表达内部语言，用规范的书面语言表述内部语言。

第一，学生的内部语言在外部是可以通过仔细观察发现的。鼓励学生的内部语言除了可以先心算后用外部语言表达外，还可以采取其他一些做法。

第二，教师的积极引导。教师在课内外活动中应当向学生进行内部语言的示范，当然是出声的。也可以运用手势等非语言活动来表达内部语言活动。通过积极引导，使学生的逻辑思维与内部语言同步进行，用内部语言进行逻辑思维。

第三，教师要帮助学生将内部语言表述成正确的口头语言，使书面表述规范化。处于低水平逻辑思维的学生，其内部语言也比较混乱。纠正他们错误思维的方法只能用外部语言的正确表述进行。

至于发展学生的语言以发展学生的直觉思维等非逻辑思维的问题，也已引起了人们的重视。国内学者也提出了“培养学生的非逻辑思维能力也是数学教学的重要任务”的主张，而且，因为逻辑思维是直觉思维的基础，任何逻辑方法都要借助于直觉，二者是相辅相成、互为补充的。因此，发展学生的语言尤其是内部语言不仅对发展学生的逻辑思维有直接的作用，而且对培养学生的直觉思维等非逻辑思维也是十分重要的。

三、教师的课堂语言

课堂语言分为口头语言和板书，它是教师的数学修养和艺术修养的直接表现。掌握和使用语言的艺术对数学教学效果起着最为直接的作用。

（一）数学语言与教学语言的对立统一

数学教师在课堂上的语言，无论是教学用语还是数学用语，既要讲究数学学科的科学性又要考虑学生的语言发展。因此，应当正确处理教学语言与数学语言的关系。

数学语言是科学语言，数学词汇是数学对象的抽象，有着确定的含

义，用以表现形式化的数学思维材料；数学词语是数学对象相互关系的概括，有着严密的含义，用以表现逻辑化的数学思维材料；数学语句是表现数学思想方法的工具，用以表现形式化、逻辑化的数学思维材料。但是，数学教学语言是教学语言，又应当具有具体形象的性质、描述的性质以及现实的性质。因而，数学教师的口头语言应当是确定性、严密性、逻辑性与具象性、描述性、现实性的对立统一。

(二) 口头语言的情感表现

数学课堂口头语言的运用不是单靠处理数学语言科学性与学生口语发展之间的关系就能完成的，重要的是以此为基础提高语言的表现力和感染力，表现某种情感。这种表现力来源于运用语言的技巧和修辞手法、依靠的是教学艺术修养的不断提高。

1. 运用语言的技巧

语言技巧是运用诸如节奏、强弱、速度和韵律的技巧。

节奏是运动的对象在时间上某种要素的有规则的反复，这种反复不是外部机械的，而是表现对象内部的秩序。有规则的反复能够引起人的意识的注意，节奏产生美感。火车轮子与铁轨撞击产生的有节奏的声响，表现了火车运动在时间上的规则性；音乐中的节拍表现了重音的周期重复，也是一种节奏。语言的节奏类似于音乐中的自由节奏，有规则反复的要素可以是声调的强弱，可以是字的间隔的长短，也可以是韵律。语言的节奏不是人们臆造出来的，而是语言本身包含的情感色彩在时间秩序上的体现。因此，语言的节奏表现的情感色彩增强了它的表现力。

在讲究语言技巧的运用，提高口头语言表现力的时候，要注意下列问题。

第一，表现情感不是描述情感。表现情感是用语言表现对象的个性特征，内部秩序性。在“如果……那么…”的命题中，“如果”在这个条件下，“那么”所说的结论成立，表现了内部的逻辑规律，描述则是概括。在日常生活中，表现害怕是用动作，说平时说不出来而害怕时脱口而出的话及害怕的表情等；如果不做动作，平常的表情，只说一些形容害怕的话来描述，“哎呀！我太害怕了！我简直怕得要死了!”别人也不会认为他害怕。因此，数学教学中过多地使用形容词、副词是一种危险。第二，用语言表现情感是由语言表述的对象本身的情感色彩决定的，不是人为的，因此不要为了表现而表现。对于赋予其情感色彩的数学语言更是如此。

2. 掌握修辞的手法

数学教学的口头语言可以运用各种修辞手法，如形容、形象、反语、象征，修饰等来提高表现力。

第三节　高校数学中的人文教育

一、高校数学教学中人文教育的主要内容

(一) 发挥数学史的德育功能，塑造学生的高尚人格

数学史是一部科学发展的历史，其中蕴含着丰富的人文教育材料。在教学中，要不失时机地介绍我国古代科学家取得的科技成果，以及对世界文明史的贡献，介绍我国在社会主义建设和科学技术上取得的成绩，在学生了解我国古代灿烂文明的同时，激发其民族自豪感，培养学生的爱国主义情操，从而形成正确的立场和观点。

(二) 培养学生良好的思维品质

人类的思维是在长期的社会实践中不断走向成熟的。一个人在学各门学科的过程中，思维能力是起决定性作用的。思维既是技巧又是品质。数学教学在培养计算技巧时应该突出培养学生的思维品质，良好的思维品质是人文教育的重要部分。思维品质不仅具有思维的激情而且具有思维的理智；不仅具有思维能力，而且具有思维意志，数学教学是培养学生思维品质的最好园地。

(三) 创新能力

数学学习需要一个人具有强烈的探究心理，没有探究心理就不可能培养出创新能力。所谓探究就是能发现问题，提出问题，试探解答问题。例如，在解题时能一题多解，只有这样才能使学生的创新能力得到开发，培育升华，才能成为新时代的创新人才。随着社会的进步、学科综合化趋势的发展，社会对人才的综合素质提出了更高的要求，社会需要更多的专业知识与人文知识兼备的高素质人才。

因此，在数学教学中，确立人文教育目标，是素质教育的必然趋势，是社会经济文化发展的必然要求，这无论是对学生个体还是对当前社会都具有极大的意义和价值。培养学生高尚的人文素养，必将使得学生在掌握全方位、高层次、网络化科学知识的基础上，在科学和人道的相互协同和补充中，进一步促进人和社会在物质和精神方面的均衡发展，为人类产生更多的进步和安定的因素。

(四) 价值观教育

价值观是行动的基准，如何教育学生确立正确的世界观、人生观、价值观，已成为整个教育工作者的重要课题，而数学教育在某种程度上可以为学生提供一种正确的价值观，从而有助于为社会提供一种正确的人文主义导向。

二、高校数学教育中进行人文教育的原则

(一) 科学性原则

在数学教育中进行人文教育，要科学地结合教学内容，恰当地进行。要水乳交融，要潜移默化，要结合内容渗透，使学生在学习数学的过程中受到生动的思想教育。

(二) 可接受性原则

数学教育中的人文教育应根据不同年龄学生的心理特点，根据他们掌握数学知识的情况和思维发展的水平，选择切合实际的、学生能接受

的内容，有目的、有计划、循序渐进地进行。同一个辩证观点，对不同专业的学生渗透教育的程度是不同的。同一个知识的教学，对不同专业的学生渗透的方式和方法是不一样的。

(三) 情感性原则

数学教学与学生情感密切相关，其中既有知识传播，又有情感的交融。教师对教学内容生动深刻地讲授，会使学生兴趣盎然。教师的理与情、情理结合、以情动人，不仅使人文教育于教学之中收到良好效果，而且还使人文教育寓于情感的交融之中。

(四) 持久性原则

科学世界观的树立，良好道德品质的培养，不是一朝一夕所能完成的，要经历潜移默化的过程。寓人文教育于数学教育之中，不是权宜之计，应该结合教育内容，把人文教育渗透在教与学的全过程中，经过长期精心培养，持之以恒地渗透，才能水到渠成，见到功效。

三、高校数学人文教育功能

(一) 帮助学生形成正确的数学观

数学观是对数学的基本看法的总和，包括对数学的事实、内容、方法的认识以及对数学的科学价值、应用价值、人文价值和美学价值的认识，是对数学全方位、多角度的透视。数学文化将数学置于人类的文化系统中，使学生认识到数学的形成和发展不是单纯的数学知识、技巧的堆砌和逻辑的推导，数学的每一个重大的发现，往往伴随科学认识的突破。同时也使学生了解到数学对社会发展的作用、对人类进步的影响，了解到数学在科学思想体系中的地位、数学与其他学科的关系。

(二) 发展学生的理性思维

数学理性内涵具有纯客观的、理智的态度，精确的、定量的方法，批判的精神和开放的头脑，抽象的、超经验的思维取向。理性思维是学生数学素养中不可缺少的组成部分。学生的数学素质目标就是要使学生受到良好的思维训练，养成精确、严密地处理问题的习惯，即理性精神。在实际的教学活动中，通过对一些相关问题的分析和解答，使学生置身于数学的这种“思考”当中，让他们深切体验到数学推理的好处和威力。

（三）培养学生的应用意识

数学应用意识本质上就是一种认识活动，是主体主动从数学的角度观察事物、阐述现象、分析问题，用数学的语言、知识、思想方法描述、理解和解决各种问题的心理倾向性。它基于对数学基础性特点和应用价值的认识，每遇到任何可以数学化的现实问题就产生用数学知识、思想、方法尝试解决的想法，并且很快地按照科学合理的思维路径，找到一种较佳的数学方法解决它，体现运用数学的观念、方法解决现实问题的主动性。

事实上，现代生活处处充满着数学，如每日天气预报中用到的降水概率，日常生活中购物、购房、股票交易、参加保险等投资活动中所采取的方案策略，外出旅游中的路线选择，房屋的装修设计和装修费用的估算等都与数学有着密切的联系。面对实际问题时，能主动尝试着从数学的角度，运用所学的知识和方法寻求解决问题的策略；面对新的数学知识时，能主动地寻找其实际背景，并探索其应用价值。在数学文化的教育中，使学生在数学文化熏陶的过程中，树立和强化应用数学的意识，从而体会数学的文化品位，体察社会文化和数学文化之间的互动。

（四）提升学生对美的鉴赏能力

数学美具有科学美的一切特性，数学不仅具有逻辑美，更具有奇异美；不仅内容美，而且形式美；不仅思想美，而且方法美、技巧美，简洁、匀称、和谐，到处可见。从文化的角度来看，数学美是人类一种理性的审美心智活动，在更高的层次和更丰富的内涵上发展了美的文化，数学美有它独特的内容和特征。

数学教学只有通过加强数学文化教育方可使学生感受到数学丰富的方法、深邃的思想、高贵的精神和品格，领略数学发展进程中的五彩斑斓、多姿多彩。

四、高校数学教育中进行人文教育的途径和方法

(一) 提高教师素质，增强在数学教育中进行人文教育的意识

教师的素质是随时代的发展而不断提高的，教师要提高自己的业务素质，树立“终身学习”的观念，坚持教师的自我修养，在教中学，在学中教。寓人文教育于数学教育之中，需要教师加强数学教育理论学习，更新教育观念，把数学教育与人的全面发展结合起来，提高对育人的认识，增强“寓”的意识，才能充分发挥其功能。

因此，在考虑数学教育的目标时，应注意思想品德教育的方面，在教学过程中应注意进行人文教育的环节，在教学中积极地渗透人文教育，从而激发学生的学习兴趣，调动学生学习的积极性，全面地提高学生的素质。必须摆正人文教育位置，增强人文教育的意识性，尤其在今天，更应该站在培养新世纪人才的高度，从提高全民族素质的需要出发，认识人文教育在数学教学中的重要地位和作用。数学的人文教育一定要贯穿于数学教学的始终，点点滴滴，长期积累，方能取得好的效果。

(二) 挖掘人文教育内容，进行科学的世界观和人生观教育

数学的客观性、辩证性与统一性十分有利于培养学生的科学世界观。数学知识中蕴藏着丰富的人文教育内容，在数学教育中加强人文教育，应先钻研教材，挖掘其中的人文教育因素，力求掌握严密的数学科学体系，对各部分知识之间的内在联系，从整体上把握，理清思想教育的脉络。

例如，正确讲授数学概念，有利于进行辩证唯物主义教育。在讲授概念时，对一些重要的数学概念如对应、函数、连续、极限等，剖析概念的本质，使学生有较透彻的理解并能应用，学会怎样分析问题和看待

问题，也就在一定程度上培养了学生的辩证思维。

（三）结合对数学学习活动的指导，培养学生的思想品德

结合数学学习活动培养学生的思想品德是数学教育中进行人文教育的主要途径之一。首先，在数学教育中要结合激发学习动机，培养学生为我国社会主义事业兴旺发达而奋斗的志向。学习动机与人生观有密切的联系，激发正确的学习动机，培养为人民服务的人生观，应把确立为中华民族伟大复兴而努力学习的学习目的作为核心内容，并注意处理好这个核心与其他影响学习动机的因素之间的关系。

在教学中就结合教学内容有计划地介绍数学发展史，介绍哥德巴赫猜想和陈景润等研究的成果，结合学习介绍著名数学家张衡、莱布尼茨、欧拉、高斯等成才的故事。数学家的一生都是刻苦学习、钻研、奋斗的。教学时，可以紧扣教学内容，讲一段数学家的故事。在教学中，可以充分引用数学史料，特别是我国数学家的杰出成就对学生进行爱科学、爱祖国的教育。这样积极引导，使学生喜欢谈论数学问题，阅读有关数学教材，增强学习兴趣的同时也培养了学生的思想品德。

要在数学教育中结合数学学习方法，培养学生实事求是的态度，独立思考、勇于创新的科学精神。既要提倡学生独立思考，又要教育学生谦虚好学、服从真理。既要发展学生的发散性思维品质，又要发展学生的集中性思维品质。

（四）开展自主学习，培养学生的自主能力和自信心

自主学习有以下几方面的特征：学习者参与确定对自己有意义的学习目标，自己制定学习进度，参与设计评价指标；学习者积极发展各种思考策略和学习策略，在解决问题中学习；学习者在学习过程中有情感的投入，学习过程有内在动力的支持，能从学习中获得积极的情感体验；学习者在学习过程中对认知活动能够进行自我监控，并做出相应的调适，自主学习实质是指一定教学条件下的学生高品质的学习。所有能有效地促进学生发展的学习，都一定是自主学习。要促进学生的自主发展，就必须最大可能地创设让学生参与到自主学习中来的情境与氛围。

只有自主学习才能帮助学生确立自主的意识和获得可持续发展的动力。

(五) 开展合作学习，培养学生的团队精神

合作学习是指学生在小组或团队中为了完成共同的任务，有明确的责任分工的互助性学习，它有以下几方面的要素：积极承担在完成共同任务中个人的责任；积极地相互支持、配合，特别是面对面地促进性的互动；期望所有学生能进行有效的沟通，建立并维护小组成员之间的相互信任，有效地解决组内冲突；对于个人完成的任务进行小组加工；对共同活动的成效进行评估，寻求提高其有效性的途径。合作动机和个人责任，是合作学习产生良好教学效果的关键。合作学习将个人之间的竞争转化为小组之间的竞争。

要提高一个学生的学习成绩，更有效的办法是促进他们的情感和社会意识方面的发育，而不是单纯集中力量猛抓他的学习。数学学习具有自身的特点，可以让学生开展合作学习，培养学生的团队精神。学生通过合作学习，互相帮助、互相启发，养成尊重知识、尊重他人的品质；通过探讨问题，尝试与检验，培养学生进取精神；通过讨论、争辩、权衡，加强平等民主意识；通过认识自我、独立思考、发表见解，树立坚持真理的观念。

(六) 开展研究性学习，培养学生的科学民主精神

研究性学习是指学生在教师指导下，从学习生活和社会生活中选择和确定研究专题，主动地获取知识、应用知识，解决问题的学习活动。研究性学习一个最重要的着眼点在于改变学生单纯的接受式学习模式，要努力使学生形成一种对知识主动探求、重视实际问题解决的积极的学习模式，学生通过实践活动，发现数学规律、事实、定理等，以探索的方法主动获取数学知识。

数学的研究性学习主要是以所学的数学知识为基础，对某些数学问题进行深入探讨或者从数学角度对某些日常生活、生产实际中和其他学科中出现的问题进行研究。这种研究性学习要求学生完全独立地从事研究，从确定研究对象，到采集信息以至最终解决问题，学生必须学习制

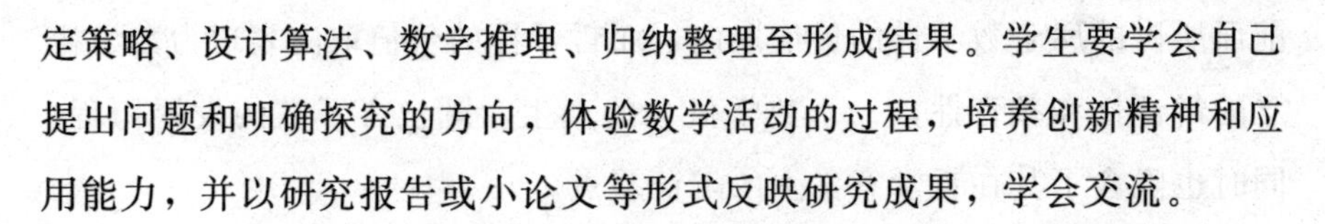

定策略、设计算法、数学推理、归纳整理至形成结果。学生要学会自己提出问题和明确探究的方向，体验数学活动的过程，培养创新精神和应用能力，并以研究报告或小论文等形式反映研究成果，学会交流。

（七）注重数学的社会应用，增强学生的公民意识和社会意识

数学应用与社会发展息息相关，如数学在人口问题、资源问题、生态环境保护问题、管理问题等方面的应用，无形之中会增强学生的社会道德意识。社会责任和公民意识是一个人道德水准的重要方面，数学教育可以充分利用应用的优势培养学生的社会责任感和公民意识，教育学生关心社会发展，关心人类命运，养成运用教学服务于社会的意识。

重视数学的应用，就要加强数学实验教学，将动手的能力与动脑的能力有机地结合起来。凡是与现实生活密切相关的内容，尽量采取学生实验的方式进行教学。

（八）数学教学中渗透哲学观教育

1. 培养学生辩证思维能力

数学是辩证的辅助工具和表现形式，数学理论的研究和概念的形成及问题的解决实质上都是矛盾的化解和转化。因此，可以认为数学具有很强的哲学思辨功能，它所表现出的辩证法，应用于数学教育中，可以培养学生的辩证思维能力。可以通过数学所具有的有限和无限、近似和精确、曲与直、直观和抽象、收敛和发散等之间的各种矛盾的转化，培养学生辩证唯物主义思想，通过解题过程，可以培养学生实事求是的作风，通过介绍数学思想，可以培养学生自信心、独立性、创造性、责任心等个性品质。

2. 在对数学概念的认识中，获取对概念的哲学价值取向

人们对数学概念的理解和看法，其基本的价值取向是：概念是建立数学理论的基石，数学理论的大厦由基本的概念建构，这无疑在数学理论层面上是正确的。数学概念的价值具有双重性，即数学性和哲学性。

前面所讲的属于数学性的价值取向，而哲学性的价值取向表现为数学概念的辩证性和教育性，一个数学概念的产生，既包含了它的发展历程，同时也隐含了其在哲学意义上的辩证观点。

3. 树立哲学层面上的数学教学观

数学教学不是单纯的知识传授，而是培养学生个性发展的过程，是师生双边活动过程，是理论和实践共同作用的过程。数学也不是一些“事实结论”的集合体，而是一个多元的复合体。在这个复合体中包括命题、方法、问题和语言等。数学包含形式和非形式两方面的辩证统一，数学的发展在理论和实践的辩证运动中得以实现。

（九）实现人文渗透，激活人文主义思想，健全学生的个性品质

数学学科表现出来的主要是理性精神，数学教育属于科学教育，在功能上可以开发人的科学思维能力，培育人的科学素养，使人掌握理性地分析事物的方法。基于以上考虑，在数学概念教学中，积极倡导哲学分析，增加人文成分，呼唤两种文化的融合（科学文化和人文文化的融合），培养人的全面发展。在数学概念学习中，既要达到数学上的理解和掌握，更重要的是在哲学上进行分析和把握，实现观念互启、方法互用、学科互构。在教学活动中，树立科学教育和人文教育并重的全新教育理念，培养“复合型”人才。

（十）以教师的人格魅力来影响学生

教师的教育活动是教师本身思想、信念、情操和教育等全部人格的真实外在表现。古人云：“身教重于言教。”教师的理想、情操、智慧、才华、意志品质以及仪表神态、言谈举止等无一不给学生以莫大的影响，对学生起着潜移默化的作用。教师要努力适应时代发展需求，不断学习、更新自己的知识，重视数学思想、数学方法的教学，不断提高教学技能，用渊博的知识去感染学生。

第四节　现代教育技术与数学教育

一、现代教育技术在数学教学中的应用模式

随着现代教育技术的飞速发展，多媒体、数据库、信息高速公路等技术的日趋成熟，教学手段和方法都将出现深刻的变化，计算机、网络技术将逐渐被应用到数学教学中。计算机应用到数学教学中有两种形式：辅助式和主体式。前者是教师在课堂上利用计算机辅助讲解和演示，主要体现为计算机辅助教学；后者是以计算机教学代替教师课堂教学，主要体现为远程网络教学。

（一）计算辅助数学教学

计算机辅助教学（Computer Assisted Instruction，简称CAI）是指利用计算机来帮助教师行使部分教学职能，传递教学信息，向学生传授知识和训练技巧，直接为学生服务。

CAI的基本模式主要体现在利用计算机进行教学活动的交互方式上。在CAI的不断发展过程中已经形成了多种相对固定的教学模式，诸如讲解与练习、个别指导、研究发现、游戏、咨询与问题求解等模式。

1. 基于CAI的情境认知数学教学模式

基于CAI的情境认知数学教学模式，是指利用多媒体计算机技术创设包含图形、图像、动画等信息的数学认知情境，使学生通过观察、操作、辨别、解释等活动学习数学概念、命题、原理等基本知识。这样的认知情境旨在激发学生学习的兴趣和主动性，促成学生顺利地完成“意义建构”，实现对知识的深层次理解。

基于CAI的情境认知数学教学模式主要是教师根据数学教学内容的特点，制作具有一定动态性的课件，设计合适的数学活动情境。因此，通常以教师演示课件为主，以学生操作、猜想、讨论等活动为辅展

开教学。适于此模式的数学教学内容主要是以认知活动为主的陈述性知识的获得。计算机可以发挥其图文并茂、声像结合、动画真实的优势，使这些知识生动有趣、层次鲜明、重点突出，可以更全面、更方便地揭示新旧知识之间联系的线索，提供“自我协商”和“交际协商”的“人机对话”环境，有效地刺激学生的视觉、听觉，使感官处于积极状态，引起学生的有意注意和主动思考从而优化学生的认知过程，提高学习的效率。

基于CAI的情境认知数学教学模式反映在数学课堂上，最直接的方式就是借助计算机使微观成为宏观、抽象转化为形象，实现“数”与“形”的相互转化，以此辨析、理解数学概念、命题等基本知识。数学概念、命题的教学是数学教学的主体内容，怎样分离概念、命题的非本质属性而把握其本质属性，是对之进行深入理解的关键。

由于CAI的情境认知数学教学模式操作起来较为简单、方便，且对教学媒体硬件的要求并不算高，条件一般的学校也能够达到。因此，这种教学模式符合我国数学教学的实际情况，是当前计算机辅助数学教学中最常用的教学模式，也是数学教师最为青睐的教学模式。

2. 基于CAI的练习指导数学教学模式

基于CAI的练习指导数学教学模式，是指借助计算机提供的便利条件促使学生反复练习，教师适时地给予指导，从而达到巩固知识和掌握技能的目的。在这种教学模式中，计算机课件向学生提出一系列问题，要求学生做出回答，教师根据情况给予相应的指导，并由计算机分析解答情况给予学生及时的强化和反馈。练习的题目一般较多，且包含一定量的变式题，以确保学生基础知识和基本技能的掌握。

这种教学模式主要有两种操作形式：一种是在配有多媒体条件的通常的教室里，由教师集中呈现练习题，并对学生进行针对性的指导；另一种是在网络教室里，学生人手一台机器，教师通过教师机指导和控制学生的练习，前者比较常见。因为它对硬件的条件要求不太高，操作起来也较为方便，但利用计算机技术的层次相对较低，教师的指导只能是部分的，学生解答情况的分析和展示也只能暴露少数学生的学习情况，代表性不强。后者对硬件的条件要求较高，但练习和指导的效率都很高，是计算机辅助数学教学的一种发展趋势。总之，基于网络给教室内的练习指导教学模式，人机对话的功能发挥较好，个别化指导水平较高，使能力相对较弱的学生可以得到更多的关心，能力强些的学生得到更好的发展，能够较大幅度地提高数学教学的效率。

3. 基于CAI的数学实验教学模式

所谓基于CAI的数学实验教学模式，就是利用计算机系统作为实验工具，以数学规则、理论为实验原理，以数学素材作为实验对象，以简单的对话方式或复杂的程序操作作为实验形式，以数值计算、符号演算、图形变换等作为实验内容，以实例分析、模拟仿真、归纳总结等为主要实验方法，以辅助学数学、辅助用数学或辅助做数学为实验目的，以实验报告为最终形式的上机实际操作活动。

基于CAI的数学实验教学模式的基本思路是：学生在教师的指导下，从数学实际活动情境出发，设计研究步骤，在计算机上进行探索性实验，提出猜想、发现规律、进行证明或验证根据这一思路。具体教学时一般涉及以下五个基本环节：创设活动情境—活动与实验—讨论与交流—归纳与猜想—验证与数学化。

（二）远程网络教学

随着网络技术的发展和普及，网络教学应运而生。它为学生的学习创设了广阔而自由的环境，提供了丰富的资源，拓宽了教学时空的维度，使现有的教学内容、教学手段和教学方法遇到了前所未有的挑战，必将对转变教学观念、提高教学质量和全面推进素质教育产生积极的影响。

1. 网络教学的特点

（1）交互性

传统教学中，教师与学生之间较多产生的是一种从教师讲解到学生学习的单向传播式关系。学生很难有机会系统地向教师表达自己对问题的看法以及他们自己解决问题的具体过程。同班学生之间就学习问题进行的交流也是极少的，更不用说和外地的学生交流与协作了。网络教学的设计可以使教师与学生之间在教学中以一种交互的方式呈现信息，教师可以根据学生反馈的情况来调整教学。学生还可以向提供网络服务的专家请求指导，提出问题，并且发表自己的看法。

（2）自主性

由于网络能为学生提供丰富多彩、图文并茂、形声兼备的学习信息资源，学生可以从网络中获得的学习资源不仅数量大，而且还是多视野、多层次、多形态的。与传统教学中以教师或几本教材和参考书为仅有的信息源相比，学生有了很大的、自由的选择空间。这正是学生自主学习的前提和关键。在网络中学习可以使信息的接受、表达和传播相结合。学生通过他们所表达和传播的对象，使自身获得一种成就感，从而进一步激发学习兴趣和学习自主性。

（3）个性化

传统教学在很大程度上束缚了学生的创造力，习惯于用统一的内容和固定的方式来培养同一规格的人才。教师只能根据大多数学生的需要进行教学。即使是进行个别教学，也只能在有限的程度上为个别学生提供帮助。网络教学可以进行异步的交流与学习。学生可以根据教师的安排和自己的实际情况进行学习。学生在和教师通过网络交流后，能及时了解到自己的进步与不足并进行调整，学生利用网络还可在任何时间进行学习或参加讨论以及获得在线帮助，从而实现真正的个性化教学。

2. 网络教学基本模式

（1）讲授型模式

在传统的教学过程中，一般的教学模式是教师讲、学生听的单向沟通的教学模式。在 Internet 上实现这种教学方式的最大优点在于它突破了传统课堂中人数及地点的限制。利用 Internet 实现讲授型模式可以分为同步式和异步式两种。同步式讲授模式除了教师、学生不在同一地点上课之外。学生可在同一时间聆听教师教授以及师生间有一些简单的交互，这与传统教学模式是一样的。

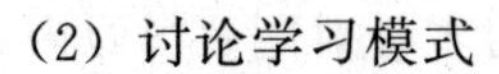

（2）讨论学习模式

在 Internet 上实现讨论学习的方式有多种，最简单实用的是利用现有的电子布告牌系统 4A 及在线聊天系统。这种模式一般是由各个领域的专家或专业教师在站点上建立相应的学科主题讨论组。学生可以在主题区内发言，并能针对别人的意见进行评论，每个人的发言或评论都即时地被所有参与讨论的学习者所看到。目前，可以在 WWW 的平台上实现 BBS 服务，学生通过标准的浏览器来进行讨论。

讨论学习模式也可以分为在线讨论和异步讨论。在线讨论类似于传统课堂教学中的小组讨论，由教师提出讨论问题，学生分成小组进行讨论。在讨论学习模式中，讨论的深入需要通过学科专家或教师来参与。

（3）个别辅导模式

这种教学模式可通过基于 Internet 的 CAI 软件以及教师与单个学生之间的密切通信来实现。基于 Internet 的 CAI 个别辅导是使用 CAI 软件来执行教师的教学任务，通过软件的交互与学习情况记录，形成一个体现学生个性特色的个别学习环境。个别指导可以在学生和教师之间通过电子邮件异步实现，也可以通过 Internet 上的在线交谈方式同步实现。

（4）探索式教学模式

探索式教学的基本出发点是认为学生在解决实际问题中的学习要比教师单纯教授知识要有效，思维的训练更加深刻，学习的结果更加广泛（不仅是知识，还包括解决问题的能力，独立思考的元认知技能等）。探索式教学模式在 Internet 上涉及的范围很广，通过 Internet 向学生发布，要求学生解答。与此同时，提供大量的、与问题相关的信息资源供学生在解决问题过程中查阅。另外，还有专家负责对学生学习过程中的疑难问题提供帮助。

（5）协作学习模式

协作学习是学生以小组形式参与、为达到共同的学习目标、在一定的激励机制下最大化个人和他人习得成果。基于网络的协作学习是指利用计算机网络以及多媒体等相关技术由多个学习者针对同一学习内容彼此交流和合作，以达到对教学内容较深刻理解与掌握的过程。协作学习和个别化学习相比，有利于促进学生高级认知能力的发展，有利于学生健康情感的形成，因而，受到广大教育工作者的普遍关注。

二、现代信息技术与数学教学的整合

信息技术与学科教学整合的理念是CAI（计算机辅助教学）理论与实践的自然演变和发展的产物。随着信息技术飞速发展，信息技术与学科教学整合越来越被教育界所重视，这也是教育改革和发展的必然。将信息技术与学科教学进行整合，必将产生传统教学模式难以比拟的良好效果。由于信息技术具有图、文、声并茂甚至有活动影像的特点，所以能够提供最理想的教学环境，对教育、教学过程会产生深刻的影响。

（一）现代信息技术与数学教学整合概念

1. 现代信息技术与数学教学整合的内涵

数学新课程的实施将面临新的机遇和挑战。信息技术为数学教学提供了新的生长点与广阔的展示平台。因此，研究信息技术和数学教学的整合创新有利于充分认识到实施数学教学必然要以先进的教育理论为指导，转变教育思想，改革课堂教学，更新教学方法和手段，促进教育观念与教学模式的整体变革。

现代信息技术与数学教学整合的核心就是把信息技术融入数学学科的教学中去，在教学实践中充分利用信息技术手段得到文字、图像、声音、动画、视频，甚至二维虚拟现实等多种信息用于课件制作，充实教学容量，丰富教学内容，使教学方法更加多样、灵活。特别是计算机的操作转换计算机辅助教学的思路，可帮助教师进行新的更富有成效的数学教学创新实践。

2. 现代信息技术与数学教学整合的必要性

随着时代的发展，科学技术的不断进步，高科技迅猛发展，以计算机为核心的信息技术越来越广泛地影响着人们的工作和学习，成为信息社会的一种新文化，成为21世纪公民赖以生存的环境文化。也就是说在信息社会，教会学生学习对信息的获取、鉴别和加工是学会学习、学会生存的最重要的事情。数学课堂教学也应适应时代发展的需要，重视学生信息能力的培养，信息技术与数学教学进行整合是一条理想的途径。

（二）现代信息技术与数学教学整合的价值

以计算机多媒体技术和网络技术为核心的信息技术，不仅给人们的社会生活带来了广泛深刻的影响，也冲击着现代教育。由于数学具有很强的抽象性、逻辑性，特别是几何，还要求具备很强的空间想象力，计算机多媒体技术在数学教学中的运用和推广，为数学教学带来了一场革命。在中学数学教学中应用多媒体技术以辅助教学，深受广大数学教师的青睐。

1. 生动直观，有助于激发学习数学的兴趣，引导学生积极思维

数学相对于其他学科来说更抽象一些，更枯燥一些。正因为这样，所以不喜欢学数学的学生也就更多一些。兴趣是人们对事物的选择性态度，是积极认识某种事物或参加某种活动的心理倾向。它是学生积极获取知识形成技能的重要动力。计算机多媒体以其特有的感染力，通过文字、图像、声音、动画等形式对学生形成刺激，能够迅速吸引学生的注意力，激发学生的学习兴趣，使学生产生学习的心理需求，进而主动参与学习活动。如何激发学生的学习热情是上好一堂课的关键。一堂成功的教学课，学生的学习兴趣一定是很高的，恰当地运用信息技术就可做到。

2. 变抽象为形象，有利于突破教学难点、突出教学重点

生动的计算机辅助教学课件能使静态信息动态化，抽象知识具体化。在高校数学教学中运用计算机特有的表现力和感染力，有利于学生

建立深刻的印象，灵活扎实地掌握所学知识。有利于突破教学难点、突出教学重点，尤其是定理和抽象概念的教学。运用多媒体二维、三维动画技术和视频技术可使抽象、深奥的数学知识简单直观。让学生主动地去发现规律、掌握规律，可成功地突破教学的重点、难点，同时培养学生的观察能力、分析能力。

3. 简化教学环节提高课堂教学效率

在高校数学教学过程中，经常要绘画图形、解题板书、演示操作等用得较多的模型、投影仪等辅助设备，不仅占用了大量的时间，而且有些图形、演示操作并不直观明显。计算机多媒体改变了传统数学教学中教师主讲、学生被动接受的局面，集声音、文字、图像、动画于一体，资源整合、操作简易、交互性强。最大限度地调动了学生的有意注意与无意注意，使授课方式变得方便、快捷，节省了教师授课时的板书时间，提高了课堂教学效率。

参考文献

[1]刘秀萍,徐茂良.高等数学[M].重庆:重庆大学出版社,2021.

[2]伊晓玲.高等数学学习指导[M].北京:北京理工大学出版社,2021.

[3]钱定边,谢惠民.高等数学学习必备基础[M].北京:高等教育出版社,2021.

[4]曾庆雨,刘衍民.MATLAB在高等数学中的应用[M].武汉:武汉大学出版社,2021.

[5]吴谦,王丽丽,刘敏.高等数学理论及应用探究[M].长春:吉林科学技术出版社,2020.

[6]储继迅,王萍.高等数学教学设计[M].北京:机械工业出版社,2019.

[7]赵彦玲.高等数学教学策略研究[M].长春:吉林教育出版社,2019.

[8]杨丽娜.高等数学教学艺术与实践[M].北京:石油工业出版社,2019.

[9]谢寿才,陈渊.大学数学:线性代数[M].北京:科学出版社,2023.

[10]张占兵.高中生数学思维培养[M].银川:阳光出版社,2018.

[11]高子清,林晓颖,周淑红.数学思维拓展[M].北京:中国铁道出版社,2018.

[12]姜东平,江惠坤.大学数学教程(下册)[M].北京:科学出版社,2023.

[13]江维琼.高等数学教学理论与应用能力研究[M].长春:东北师范大学出版社,2019.

[14]靳艳芳.高等数学推理思维的教学研究[M].长春:吉林教育出版社,2019.

[15]甘静.高等数学教育与教学创新研究[M].哈尔滨:哈尔滨地图出版社,2019.

[16]王成理.高等数学教育教学创新研究[M].长春:吉林教育出版社,2019.
[17]常在斌,胡珍妮.高等数学[M].上海:同济大学出版社,2019.
[18]何文阁.数学实验与高等应用数学学习指导[M].北京:航空工业出版社,2019.
[19]赵培勇.高校数学教学方法发展与创新研究[M].延边:延边大学出版社,2022.
[20]欧阳正勇.高校数学教学与模式创新[M].北京:九州出版社,2020.
[21]王光明,张英伯,曹一鸣.数学教育研究方法与论文写作[M].北京:北京师范大学出版社,2022.
[22]蔡金法.数学教育研究手册[M].北京:人民教育出版社,2020.
[23]何小亚,李耀光,张敏.数学教育研究与测量[M].北京:科学出版社,2018.
[24]吴晓红,谢海燕.基于学科核心素养的数学教学课例研究[M].上海:华东师范大学出版社,2020.
[25]涂荣豹,王光明,宁连华.新编数学教学论[M].上海:华东师范大学出版社,2023.
[26]张海君.数学教学中的适合与平衡[M].上海:文汇出版社,2019.
[27]杨冬香.基于理解的数学教学[M].北京:北京师范大学出版社,2022.
[28]罗敏娜,王娜.数学教学论与案例分析[M].北京:机械工业出版社,2023.
[29]张晓贵.数学教学研究方法[M].合肥:中国科学技术大学出版社,2017.
[30]郑毓信.数学教学的关键[M].上海:华东师范大学出版社,2023.